# 钢筋工程量计算
## （第2版）

主　编　韦秋杰

主　审　陈文建

U0321833

北京理工大学出版社
BEIJING INSTITUTE OF TECHNOLOGY PRESS

# 内 容 提 要

本书根据16G101系列图集和《混凝土结构设计规范（2015年版）》（GB 50100—2010）进行编写，系统阐述了快速计算钢筋工程量的原理和方法。全书共十四个项目，分别为钢筋工程量计算初识、梁构件钢筋工程量的识读、梁构件钢筋工程量的计算、板构件钢筋工程量的识读、板构件钢筋工程量的计算、柱构件钢筋工程量的识读、柱构件钢筋工程量的计算、基础构件钢筋的识读、基础构件钢筋工程量的计算、剪力墙构件钢筋的识读、剪力墙构件钢筋工程量的计算、楼梯构件钢筋的识读、楼梯构件钢筋工程量的计算、钢筋工程量计算总结。

本书可作为高等院校工程造价专业的教材使用，也可供工程造价咨询企业一线技术操作人员岗位技能培训和自学使用。

**图书在版编目(CIP)数据**

钢筋工程量计算／韦秋杰主编.—2版.—北京：北京理工大学出版社，2019.3
ISBN 978-7-5682-6628-4

Ⅰ.①钢…　Ⅱ.①韦…　Ⅲ.①配筋工程—工程造价—高等学校—教材　Ⅳ.①TU723.32

中国版本图书馆CIP数据核字（2019）第008006号

---

出版发行 ／ 北京理工大学出版社有限责任公司
社　　址 ／ 北京市海淀区中关村南大街5号
邮　　编 ／ 100081
电　　话 ／ (010)68914775(总编室)
　　　　　　(010)82562903(教材售后服务热线)
　　　　　　(010)68948351(其他图书服务热线)
网　　址 ／ http://www.bitpress.com.cn
经　　销 ／ 全国各地新华书店
印　　刷 ／ 河北鸿祥信彩印刷有限公司
开　　本 ／ 787毫米×1092毫米　1/16
印　　张 ／ 9　　　　　　　　　　　　　　　　　责任编辑／赵　岩
字　　数 ／ 195千字　　　　　　　　　　　　　　文案编辑／赵　岩
版　　次 ／ 2019年3月第2版　2019年3月第1次印刷　　责任校对／周瑞红
定　　价 ／ 45.00元　　　　　　　　　　　　　　责任印制／边心超

# 第2版前言

全国高等院校建筑类相关专业广泛开展以培养学生岗位能力为目标的项目课程改革已有几年时间，实践证明有关技能型知识的讲解采用项目化教学的方法是行之有效的。本书第1版正是为了便于项目化教学，选取与实际工程一致的案例，并通过调整处理而编写的教材。第1版出版后，得到许多读者认可，读者纷纷反映：该书学习上手快，计算依据清晰，计算过程详细，案例具有代表性，能使学习事半功倍。

2016年8月5日，建设部颁布的"住房城乡建设部关于批准《钢筋混凝土基础梁》等29项国家建设标准设计的通知（建质函〔2016〕168号）"中明确废止：11G101-1《混凝土结构施工图平面整体表示方法制图规则和构造详图（现浇混凝土框架、剪力墙、梁、板）》、11G101-2《混凝土结构施工图平面整体表示方法制图规则和构造详图（现浇混凝土板式楼梯）》、11G101-3《混凝土结构施工图平面整体表示方法制图规则和构造详图（独立基础、条形基础、筏形基础、桩基础）》。同时，建质函〔2016〕168号文批准实施了16G101-1、16G101-2、16G101-3。本书正是基于国家标准图集的调整，在第1版基础上进行的再版。相比第1版而言，计算依据均按16G101-1、16G101-2、16G101-3进行讲解。本书除适用于各高校教学之用外，还适用于各工程造价咨询企业一线技术操作人员的岗位技能培训和自学。

为方便教学及读者阅读学习，特对本书做如下说明和使用建议：

1. 钢筋工程量计算一直是工程量计算的难点。本书主要讲解梁、板、柱、基础、剪力墙、楼梯六大类现浇钢筋混凝土结构主要构件中钢筋工程量的计算方法及计算流程，培养识读结构施工图及参照图集进行各类构件钢筋工程量计算的能力。

2. 本书"项目支撑知识链接"由于篇幅有限，其内容不能包括所有与项目相关的知识内容，读者可根据本书所讲述方法举一反三，自行学习；教者也可根据自身情况对未包含的知识内容进行补充讲解，以达到真正学会钢筋工程量计算的目的。

3. 本书从造价角度进行计算讲解，并非从施工下料角度进行讲解。均以钢筋外皮尺寸进行计算，并非以钢筋中心线长度进行计算。同时，根据四川省及全国多数地方规定，由于构件长于钢筋定尺长度而产生的搭接本书中均不予计算。

4. 建议使用本书时与16G101系列图集配套使用。

本次编写由韦秋杰独立完成，陈文建主审。在此，感谢在第1版编写过程中付出辛勤劳动及对本次编写提出宝贵意见的王婷、曾祥蓉、季秋媛、罗雪。

本书在编写过程中，参考了一些文献资料，在此向有关编者表示由衷的感谢。

由于时间仓促，编者水平有限，教材在编写过程中难免出现不足和遗漏，恳请读者提出批评意见，欢迎致邮：4080357@qq.com。

编　者

# 第1版前言

目前，全国高等院校建筑类专业均在开展以培养学生岗位能力为目标的项目课程改革。随着课程改革的深入，有关技能型知识的讲解采用项目化教学的方法逐渐在实践中得到了各院校的认可。2011年9月1日，国家颁布的11G101系列三本新平法图集取代了03G101系列图集。在现在倡导项目化教学及行业中执行新规范的双重背景下，有关钢筋工程量计算的教材一直处于短缺状态。本书正是为了弥补这一需求，并结合高等教育教学实际情况而编写的项目化教材。本书采用与实际工程完全一致的案例，并通过调整处理，使学生更加容易理解；除了适用于各院校教学外，还适用于各造价咨询企业一线技术操作人员的岗位技能培训和自学。

为方便教学及读者阅读学习，特对本书做如下说明和使用建议：

1. 钢筋工程量计算一直是工程量计算的难点。本书主要讲解梁、板、柱、基础、剪力墙、楼梯六大类现浇钢筋混凝土结构主要构件中钢筋工程量的计算方法及计算流程，培养识读结构施工图及参照图集进行各类构件钢筋工程量计算的能力。

2. 本书"项目支撑知识链接"由于篇幅所限，其内容不能包括所有与项目相关的知识内容，读者可根据本书所讲述方法举一反三，自行学习；教者也可根据自身情况对未包含的知识内容进行补充讲解，以达到学会钢筋工程量计算的教学目的。

3. 本书从造价角度进行计算讲解，并非从施工下料角度进行讲解。均以钢筋外皮尺寸进行计算，并非以钢筋中心线长度进行计算。当然，根据四川省及全国多数地方规定，由于构件长于钢筋定尺长度而产生的搭接均不予以计算。

4. 建议使用本书时与11G101系列图集配套使用。

本书由韦秋杰担任主编，曾祥容、王婷担任副主编。其中，绪论、项目一至项目十、项目十三、项目十四由韦秋杰编写；项目十一由王婷编写；项目十二由曾祥容编写。全书由陈文建主审。

本书在编写过程中，参考了一些文献资料，在此向有关编者表示由衷的感谢。

由于时间仓促，水平有限，教材在编写过程中难免出现不足和遗漏，恳请广大读者提出批评意见，欢迎致邮：weiqiujie47@163.com。

编 者

# 目 录

# 绪论  学习准备与就业

**知识目标：**

1. 造价行业的就业岗位设置；
2. 造价行业的职业资格制度；
3. 本书将形成的能力内容；
4. 本书内容的学习方法。

**能力目标：**

1. 能够说出通过学习本书将获得的能力；
2. 能够说出造价行业就业岗位设置。

## 一、通过本书学习将获得的能力

通过本书内容的学习，读者应获得以下基本能力：

(1)能够识读结构施工图的配筋信息。

(2)能够手工计算各类构件中钢筋的工程量。

## 二、造价行业主要企业类型及其岗位设置

目前，造价行业的企业类型主要是造价咨询单位。当然，设计单位、建设单位、施工单位也需要一定的造价人员。图 0-1 所示为上述不同类型的单位成为现今建筑工程管理专业和工程造价专业学生的主要就业去向。

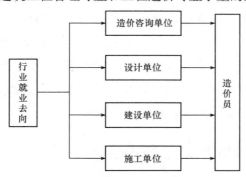

**图 0-1  行业就业去向及岗位**

## 三、各类型单位造价人员岗位与本书内容的关系

设计单位造价人员往往从事设计概算工作较多；建设单位造价人员往往涉及整个建设项目的全过程管理，包括：预、结算审核，投资成本测算，全过程造价控制，合约管理等工作；施工单位造价人员往往从事预、结算编制，成本测算等工作；造价咨询单位造价人员则可能代表设计单位、建设单位、施工单位以上任何一种类型的单位从事相关造价工作。无论站在哪一类单位的立场上从事房屋建筑工程的造价工作均会涉及计算钢筋工程量。钢筋工程量计算在工程造价行业俗称"钢筋抽料"，又称"抽钢筋""抽筋"；在施工现场，钢筋工程量计算常称为"钢筋下料"或"钢筋翻样"。常见的钢筋工程量计算包括以下内容：

（1）施工下料：编制施工现场钢筋下料表。

（2）概算抽料：建设前期评价结构设计方案，主动控制工程造价。

（3）招标抽料：编制钢筋工程量清单，招标单位确定钢筋合同量。

（4）投标抽料：核算投标工程钢筋工程量，要确定钢筋合同量。

（5）审核抽料：审核施工单位报送的预、结算钢筋工程量。

（6）结算抽料：总包与钢筋班组或总包与建设单位之间的钢筋结算对数工作。

钢筋计算长度有预算长度（计价用量）与下料长度（施工用量）之分。预算长度指的是钢筋工程量的计算长度；而下料长度指的是钢筋施工备料配制的计算尺寸，两者既有联系又有区别。预算长度和下料长度都是同一构件的同一钢筋实体，下料长度可由预算长度调整计算而得来。两者的主要区别在于内涵不同、精度不同。从内涵上说，预算长度按设计图示尺寸计算，它包括设计已规定的搭接长度，对设计未规定的搭接长度不计算（设计未规定的搭接长度考虑在定额耗损量里，清单计价则考虑在价格组成里），计算以钢筋外皮尺寸为准；而下料长度，则是根据施工进料的定尺情况、实际采用的钢筋连接方式，并按照相关施工规范对钢筋接头数量、位置等具体规定要求，考虑全部搭接在内的计算长度，而且计算时以钢筋中心线尺寸为准。钢筋外皮尺寸与中心线尺寸的差值叫作量度差值。本书主要是站在建筑工程造价岗位讨论钢筋的预算长度，而非站在施工角度讨论钢筋的下料长度。当然，在掌握钢筋预算长度之后，要对钢筋下料长度进行计算也非常容易。

## 四、"执业资格考试"与本书内容的关系

目前，我国建筑行业所有从业人员实行"执业资格制度"，从业人员

需要通过执业资格考试，获得相应的"执业资格证书"，从而更好地在造价行业执业。工程造价相关岗位，可以考取的执业资格如图 0-2 所示。其中，无论是一级造价工程师(土建)，还是二级造价工程师在(土建)考试均将本课程内容作为必考内容。

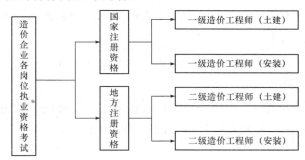

**图 0-2　造价企业各岗位执业资格考试**

## 五、其他课程的学习与本书内容的关系

本书的能力和知识内容是建立在"建筑构造与识图""建筑工程计量与计价"等专业课基础之上的，既是"建筑构造与识图"要求的结构施工图识图技能的补充与拓展，也是"建筑工程计量与计价"要求的工程量计算的进一步深化。

## 六、本书内容的学习方法

从事工程造价必须养成严肃认真、一丝不苟的工作习惯。工作习惯的养成必须从学习阶段开始，同时，本书内容本身也存在特殊的规律，所以，建议读者在学习本书内容时应遵循以下学习方法：

(1)多看、多想、多算，平时多阅读相关图集，积累相关知识。

(2)循序渐进，独立完成训练项目。

(3)有意识地培养空间想象能力，掌握钢筋空间放置情况与平法识图的转换规律。

(4)正确处理钢筋放置位置、钢筋形状、钢筋长度与结构施工图的关系，只有将前三个要素均掌握住，才算正确地读透了结构施工图。

(5)耐心、细致，严谨求实，养成严肃、认真的工作态度和耐心、细致的工作作风。

## 七、学习本书需准备的其他参考资料

由于本书篇幅有限，不能将涉及钢筋工程量计算的所有依据一一列出，仅以最典型的构件、最典型的钢筋类型作为学习对象，从而让读者掌握钢筋工程量计算的计算原理及计算方法，并学会使用16G101图集解决钢筋计算的问题。即使在实际工作之中遇到本书未涉及的钢筋构件及钢筋类型，读者在借助16G101图集的基础上依然能够解决问题。所以，建议读者学习本书时准备以下参考资料：

（1）《混凝土结构施工图平面整体表示方法制图规则和构造详图（现浇混凝土框架、剪力墙、梁、板）》（16G101—1）。

（2）《混凝土结构施工图平面整体表示方法制图规则和构造详图（现浇混凝土板式楼梯）》（16G101—2）。

（3）《混凝土结构施工图平面整体表示方法制图规则和构造详图（独立基础、条形基础、筏形基础、桩基础）》（16G101—3）。

# 项目一　钢筋工程量计算的初识

**项目描述**

　　通过查阅相关钢筋工程量计算资料，掌握钢筋的种类，钢筋工程量的计算原理、计算依据及计算方法。

**任务描述**

　　通过查询现行的《房屋建筑与装饰工程工程量计算规范》(GB 50854—2013)与《混凝土结构施工图平面整体表示方法制图规则和构造详图》(16G101)图集等书籍资料以及上网查询，思考钢筋工程量的计算原理及计算流程。

**拟达到的教学目标**

### 知识目标：

1. 钢筋的种类；
2. 钢筋的符号及标注；
3. 钢筋工程量的计算方法；
4. 影响钢筋工程量计算的相关参数。

### 能力目标：

1. 能够说出钢筋的种类；
2. 能够说出钢筋工程量的计算原理；
3. 能够说出钢筋工程量的计算依据；
4. 能够说出钢筋工程量的计算方法。

### 项目支撑知识链接

## 链接之一：钢筋的种类

16G101 图集中列举了 HPB300、HRB335、HRBF335、HRB400、

HRBF400、RRB400、HRB500、HRBF500 八种类型的钢筋。

HPB300 级钢筋：热轧光圆钢筋，此种钢筋屈服强度达到 300 MPa，公称直径范围为 8～20 mm，推荐直径为 8 mm、10 mm、12 mm、16 mm、20 mm。在实际工程中只用作板、基础和荷载不大的梁、柱的受力主筋、箍筋以及其他构造钢筋。

HRB335 级钢筋：热轧螺纹钢筋（或称为热轧带肋钢筋），此种钢筋屈服强度达到 335 MPa，公称直径范围为 6～50 mm，推荐直径为 6 mm、8 mm、10 mm、12 mm、16 mm、20 mm、25 mm、32 mm、40 mm 和 50 mm，在实际工程中主要用作受力主筋。

HRBF335 级钢筋：细晶粒热轧带肋钢筋，此种钢筋屈服强度达到 335 MPa，公称直径范围同 HRB335 级钢筋。

HRB400 级钢筋：热轧螺纹钢筋，此种钢筋屈服强度达到 400 MPa，公称直径范围为 6～50 mm。其在实际工程中也主要用作受力主筋。

HRBF400 级钢筋：细晶粒热轧带肋钢筋，此种钢筋屈服强度达到 400 MPa，公称直径范围同 HRB400 级钢筋。

RRB400 级钢筋：屈服强度级别为 400 MPa 的余热处理带肋钢筋，公称直径范围为 6～40 mm。此种钢筋强度高，但冷弯性能、疲劳性能和可焊性均较差。一般可用于对变形性能及加工性能要求不高的构件中，如基础、大体积混凝土、楼板、墙体以及次要的中、小结构构件。

HRB500 级钢筋：热轧螺纹钢筋，屈服强度达到 500 MPa。此种钢筋在强度、延性、耐高温、低温性能、抗震性能和疲劳性能等方面均比 HRB400 级钢筋有很大提高，主要用于高层、超高层建筑及大跨度桥梁等高标准建筑工程。

HRBF500 级钢筋：细晶粒热轧带肋钢筋，此种钢筋屈服强度达到 500 MPa。

16G101 图集中列举的八种钢筋，按其外形及施工工艺可分为四种类型，见表 1-1。

表 1-1 不同级别钢筋英文缩写表

| 钢筋种类缩写 | 对应英文 | 表示含义 |
| --- | --- | --- |
| HPB | Hot-rolled Plain Steel Bar | 热轧光圆钢筋 |
| HRB | Hot-rolled Ribbed Bar | 热轧带肋钢筋 |
| HRBF | Hot-rolled Ribbed Bar(Fine) | 细晶粒热轧带肋钢筋 |
| RRB | Remained heat treatment Ribbed Steel Bar | 余热处理带肋钢筋 |

16G101 图集中列举的八种钢筋，按其屈服强度等级也为四个等级，即 300 MPa、335 MPa、400 MPa、500 MPa。业内一般称为一级钢（Ⅰ级钢）、二级钢（Ⅱ级钢）、三级钢（Ⅲ级钢）、四级钢（Ⅳ级钢）。

## 链接之二：钢筋的符号及标注

### 1. 钢筋的符号

钢筋的符号与其强度等级对应关系见表 1-2。

表 1-2　钢筋符号与对应的强度等级对应表

| 钢筋级别 | 钢筋符号 | 公称直径 $d$/mm | 屈服强度<br>标准值<br>$f_{yk}$/MPa | 极限强度<br>标准值<br>$f_{stk}$/MPa |
|---|---|---|---|---|
| HPB300 | Φ | 6～14 | 300 | 420 |
| HRB335 | Φ | 6～14 | 335 | 455 |
| HRB400<br>HRBF400<br>RRB400 | Φ<br>Φ$^F$<br>Φ$^R$ | 6～50 | 400 | 540 |
| HRB500<br>HRBF500 | Φ<br>Φ$^F$ | 6～50 | 500 | 630 |

### 2. 钢筋的标注

在结构施工图中，构件的钢筋标注要遵循一定的规范：

（1）标注钢筋的根数、直径和等级，如 3 根直径为 20 mm 的 HRB400 级钢筋可表达为 3Φ20；同理，4 根直径为 25 mm 的 HRBF400 级钢筋可表达为 4Φ$^F$25。

（2）标注钢筋的等级、直径和相邻钢筋的中心距，如直径为 10 mm 的 HPB300 级钢筋每隔 100 mm 分布一根（注：这里的每隔 100 mm 指钢筋中心与中心之间的距离，下同），可以表达为 Φ10@100；同理，直径为 12 mm 的 HRB335 级钢筋每隔 150 mm 分布一根，可以表达为 Φ12@150。

## 链接之三：钢筋工程量的计算方法

### 1. 工程量计算规范的规定

钢筋工程的工程量清单设置、项目特征描述内容、计量单位、工程量计算规则应根据《房屋建筑与装饰工程工程量计算规范》（GB 50854—

2013)规定执行，见表1-3。

表 1-3　工程量计算规范钢筋工程量计算规则

| 项目编码 | 项目<br>名称 | 项目<br>特征 | 计量<br>单位 | 工程量计算规则 | 工作内容 |
|---|---|---|---|---|---|
| 010515001 | 现浇构件钢筋 | 钢筋种<br>类、规格 | t | 按设计图示钢<br>筋长度乘以单位<br>理论质量计算 | 1. 钢筋制作、运输<br>2. 钢筋安装<br>3. 焊接（绑扎） |
| 010515002 | 预制构件钢筋 | | | | |

　　由此可见，无论是现浇构件的钢筋还是预制构件的钢筋，其工程量计算规则均是按照钢筋质量来计算的。同种直径的钢筋，其单位理论质量是相同的，计算钢筋工程量最终转化为计算其长度。换而言之，如果能够计算出钢筋的长度，则该钢筋的工程量也就能够准确计算出来。

**2. 钢筋的单位理论质量**

　　常用钢筋的单位理论质量，见表1-4。

表 1-4　常用钢筋每米质量表

| 钢筋直径/mm | 钢筋每米质量/kg | 钢筋直径/mm | 钢筋每米质量/kg |
|---|---|---|---|
| 6 | 0.222 | 16 | 1.578 |
| 6.5 | 0.26 | 18 | 1.998 |
| 8 | 0.395 | 20 | 2.466 |
| 10 | 0.617 | 22 | 2.98 |
| 12 | 0.888 | 25 | 3.85 |
| 14 | 1.21 | 28 | 4.83 |

　　表1-4仅列出了常用钢筋每米质量，未列出钢筋每米质量可根据公式：钢筋每米质量(kg)$=0.006\ 17\times D^2$（$D$为钢筋直径，单位取 mm）。如 $\Phi$10 每米长度计算为：$0.006\ 17\times10\times10=0.617$(kg/m)；再如 $\Phi$32 每米长度计算为：$0.006\ 17\times32\times32=6.318$(kg/m)。

## 链接之四：钢筋长度计算相关参数

　　(1)16G101—1图集中对钢筋的混凝土保护层最小厚度做了规定，见表1-5。

**表 1-5　混凝土最小保护层厚度表**　　　　　　　　　　　　　mm

| 环境类别 | 板、墙 | 梁、柱 |
|---|---|---|
| 一 | 15 | 20 |
| 二 a | 20 | 25 |
| 二 b | 25 | 35 |
| 三 a | 30 | 40 |
| 三 b | 40 | 50 |

注：1. 表中混凝土保护层厚度指最外层钢筋外边缘至混凝土表面的距离，适用于设计使用年限为 50 年的混凝土结构。

2. 构件中受力钢筋的保护层厚度不应小于钢筋的公称直径。

3. 一类环境中，设计使用年限为 100 年的结构最外层钢筋的保护层厚度不应小于表中数值的 1.4 倍；二、三类环境中，设计使用年限为 100 年的结构应采取专门的有效措施。

4. 混凝土强度等级不大于 C25 时，表中保护层厚度数值应增加 5 mm。

5. 基础底面钢筋的保护层厚度，有混凝土垫层时应从垫层顶面算起，且不应小于 40 mm。

(2)16G101—1 图集对影响混凝土保护层厚度的环境类别做了有关规定，见表 1-6。

**表 1-6　混凝土结构的环境类别**

| 环境类别 | 条件 |
|---|---|
| 一 | 室内干燥环境；<br>无侵蚀性静水浸没环境 |
| 二 a | 室内潮湿环境；<br>非严寒和非寒冷地区的露天环境；<br>非严寒和非寒冷地区与无侵蚀性的水或土壤直接接触的环境；<br>严寒和寒冷地区的冰冻线以下与无侵蚀性的水或土壤直接接触的环境 |
| 二 b | 干湿交替环境；<br>水位频繁变动环境；<br>严寒和寒冷地区的露天环境；<br>严寒和寒冷地区冰冻线以上与无侵蚀性的水或土壤直接接触的环境 |
| 三 a | 严寒和寒冷地区冬季水位变动区环境；<br>受除冰盐影响环境；<br>海风环境 |
| 三 b | 盐渍土环境；<br>受除冰盐作用环境；<br>海岸环境 |

| 环境类别 | 条件 |
|---|---|
| 四 | 海水环境 |
| 五 | 受人为或自然的侵蚀性物质影响的环境 |

注：1. 室内潮湿环境是指构件表面经常处于结露或湿润状态的环境。

2. 严寒和寒冷地区的划分应符合现行国家标准《民用建筑热工设计规范》(GB 50176—2016)的有关规定。

3. 海岸环境和海风环境宜根据当地情况、考虑主导风向及结构所处迎风、背风部位等因素的影响，由调查研究和工程经验确定。

4. 受除冰盐影响环境是指受到除冰盐盐烟雾影响的环境；受除冰盐作用环境是指被除冰盐溶液溅射的环境以及使用除冰盐地区的洗车房、停车楼等建筑。

5. 暴露的环境是指混凝土结构表面所处的环境。

(3)为了使钢筋和混凝土共同受力，使钢筋不被从混凝土中拔出来，除要在钢筋的末端设置弯钩外，还需要将钢筋伸入支座处，其伸入支座的长度除满足设计要求外，还要不小于钢筋的基本锚固长度。16G101—1图集对受拉钢筋基本锚固长度的规定见表1-7，对抗震设计时受拉钢筋基本锚固长度的规定见表1-8。

**表 1-7　受拉钢筋基本锚固长度 $l_{ab}$**

| 钢筋种类 | 混凝土强度等级 | | | | | | | | |
|---|---|---|---|---|---|---|---|---|---|
| | C20 | C25 | C30 | C35 | C40 | C45 | C50 | C55 | ≥C60 |
| HPB300 | 39$d$ | 34$d$ | 30$d$ | 28$d$ | 25$d$ | 24$d$ | 23$d$ | 22$d$ | 21$d$ |
| HRB335<br>HRBF335 | 38$d$ | 33$d$ | 29$d$ | 27$d$ | 25$d$ | 23$d$ | 22$d$ | 21$d$ | 21$d$ |
| HRB400<br>HRBF400<br>RRB400 | — | 40$d$ | 35$d$ | 32$d$ | 29$d$ | 28$d$ | 27$d$ | 26$d$ | 25$d$ |
| HRB500<br>HRBF500 | — | 48$d$ | 43$d$ | 39$d$ | 36$d$ | 34$d$ | 32$d$ | 31$d$ | 30$d$ |

**表 1-8　抗震设计时受拉钢筋基本锚固长度 $l_{abE}$**

| 钢筋种类 | | 混凝土强度等级 | | | | | | | | |
|---|---|---|---|---|---|---|---|---|---|---|
| | | C20 | C25 | C30 | C35 | C40 | C45 | C50 | C55 | ≥C60 |
| HPB300 | 一、二级 | 45$d$ | 39$d$ | 35$d$ | 32$d$ | 29$d$ | 28$d$ | 26$d$ | 25$d$ | 24$d$ |
| | 三级 | 41$d$ | 36$d$ | 32$d$ | 29$d$ | 26$d$ | 25$d$ | 24$d$ | 23$d$ | 22$d$ |

| 钢筋种类 | | 混凝土强度等级 | | | | | | | | |
|---|---|---|---|---|---|---|---|---|---|---|
| | | C20 | C25 | C30 | C35 | C40 | C45 | C50 | C55 | ≥C60 |
| HRB335 HRBF335 | 一、二级 | 44$d$ | 38$d$ | 33$d$ | 31$d$ | 29$d$ | 26$d$ | 25$d$ | 24$d$ | 24$d$ |
| | 三级 | 40$d$ | 35$d$ | 31$d$ | 28$d$ | 26$d$ | 24$d$ | 23$d$ | 22$d$ | 22$d$ |
| HRB400 HRBF400 | 一、二级 | — | 46$d$ | 40$d$ | 37$d$ | 33$d$ | 32$d$ | 31$d$ | 30$d$ | 29$d$ |
| | 三级 | — | 42$d$ | 37$d$ | 34$d$ | 30$d$ | 29$d$ | 28$d$ | 27$d$ | 26$d$ |
| HRB500 HRBF500 | 一、二级 | — | 55$d$ | 49$d$ | 45$d$ | 41$d$ | 39$d$ | 37$d$ | 36$d$ | 35$d$ |
| | 三级 | — | 50$d$ | 45$d$ | 41$d$ | 38$d$ | 36$d$ | 34$d$ | 33$d$ | 32$d$ |

注：1. 四级抗震时，$l_{abE}=l_{ab}$。

2. 当锚固钢筋的保护层厚度不大于5$d$时，锚固钢筋长度范围内应设置横向构造钢筋，其直径不应小于$d/4$（$d$为锚固钢筋的最大直径）；对梁、柱等构件间距不应大于5$d$，对板、墙等构件间距不应大于10$d$，且均不大于100（$d$为锚固钢筋最小直径）。

16G101—1图集对受拉钢筋锚固长度的规定见表1-9，对受拉钢筋抗震锚固长度的规定见表1-10。

**表1-9 受拉钢筋锚固长度 $l_a$**

| 钢筋种类 | 混凝土强度等级 | | | | | | | | | | | | | | | | |
|---|---|---|---|---|---|---|---|---|---|---|---|---|---|---|---|---|---|
| | C20 | C25 | | C30 | | C35 | | C40 | | C45 | | C50 | | C55 | | ≥C60 | |
| | $d≤25$ | $d≤25$ | $d>25$ | $d≤25$ | $d>25$ | $d≤25$ | $d>25$ | $d≤25$ | $d>25$ | $d≤25$ | $d>25$ | $d≤25$ | $d>25$ | $d≤25$ | $d>25$ | $d≤25$ | $d>25$ |
| HPB300 | 39$d$ | 34$d$ | — | 30$d$ | — | 28$d$ | — | 25$d$ | — | 24$d$ | — | 23$d$ | — | 22$d$ | — | 21$d$ | — |
| HRB335 HRBF335 | 38$d$ | 33$d$ | — | 29$d$ | — | 27$d$ | — | 25$d$ | — | 23$d$ | — | 22$d$ | — | 21$d$ | — | 21$d$ | — |
| HRB400 HRBF400 RRB400 | — | 40$d$ | 44$d$ | 35$d$ | 39$d$ | 32$d$ | 35$d$ | 29$d$ | 32$d$ | 28$d$ | 31$d$ | 27$d$ | 30$d$ | 26$d$ | 29$d$ | 25$d$ | 28$d$ |
| HRB500 HRBF500 | — | 48$d$ | 53$d$ | 43$d$ | 47$d$ | 39$d$ | 43$d$ | 36$d$ | 40$d$ | 34$d$ | 37$d$ | 32$d$ | 35$d$ | 31$d$ | 34$d$ | 30$d$ | 33$d$ |

16G101—1图集对纵向受拉钢筋搭接长度 $l_l$ 的规定见表1-11。

16G101—1图集对纵向受拉钢筋抗震搭接长度 $l_{lE}$ 的规定见表1-12。

**表 1-10 受拉钢筋抗震锚固长度 $l_{aE}$**

| 钢筋种类及抗震等级 | | 混凝土强度等级 | | | | | | | | | | | | | | | | |
|---|---|---|---|---|---|---|---|---|---|---|---|---|---|---|---|---|---|---|
| | | C20 | C25 | | C30 | | C35 | | C40 | | C45 | | C50 | | C55 | | ≥C60 | |
| | | d≤25 | d≤25 | d>25 | d≤25 | d>25 | d≤25 | d>25 | d≤25 | d>25 | d≤25 | d>25 | d≤25 | d>25 | d≤25 | d>25 | d≤25 | d>25 |
| HPB300 | 一、二级 | 45d | 39d | — | 35d | — | 32d | — | 29d | — | 28d | — | 26d | — | 25d | — | 24d | — |
| HPB300 | 三级 | 41d | 36d | — | 32d | — | 29d | — | 26d | — | 25d | — | 24d | — | 23d | — | 22d | — |
| HRB335 HRBF335 | 一、二级 | 44d | 38d | — | 33d | — | 31d | — | 29d | — | 26d | — | 25d | — | 24d | — | 24d | — |
| HRB335 HRBF335 | 三级 | 40d | 35d | — | 30d | — | 28d | — | 26d | — | 24d | — | 23d | — | 22d | — | 22d | — |
| HRB400 HRBF400 RRB400 | 一、二级 | — | 46d | 51d | 40d | 45d | 37d | 40d | 33d | 37d | 32d | 36d | 31d | 35d | 30d | 33d | 29d | 32d |
| HRB400 HRBF400 RRB400 | 三级 | — | 42d | 46d | 37d | 41d | 34d | 37d | 30d | 34d | 29d | 33d | 28d | 32d | 27d | 30d | 26d | 29d |
| HRB500 HRBF500 | 一、二级 | — | 55d | 61d | 49d | 54d | 45d | 49d | 41d | 46d | 39d | 43d | 37d | 40d | 36d | 39d | 35d | 38d |
| HRB500 HRBF500 | 三级 | — | 50d | 56d | 45d | 49d | 41d | 45d | 38d | 42d | 36d | 39d | 34d | 37d | 33d | 36d | 32d | 35d |

注：1. 当为环氧树脂涂层带肋钢筋时，表中数据尚应乘以 1.25。

2. 当纵向受拉钢筋在施工过程中官受扰动时，表中数据尚应乘以 1.1。

3. 当纵向受拉钢筋锚固长度范围内纵向受拉钢筋边保护层厚度为 3d、5d（d 为锚固钢筋的直径）时，表中数据可分别乘以 0.8、0.7；中间时按内插值。

4. 当纵向受拉普通钢筋锚固长度修正系数（注 1～注 3）多于一项时，可按连乘计算。

5. 受拉钢筋的锚固长度 $l_a$、$l_{aE}$ 计算值不应小于 200 mm。

6. 四级抗震时，$l_{aE}=l_a$。

7. 当锚固钢筋的保护层厚度不大于 5d 时，锚固钢筋长度范围内应设置横向构造钢筋，其直径不应小于 d/4（d 为锚固钢筋的最大直径）；对梁、柱等构件间距不应大于 5d，对板、墙等构件间距不应大于 10d，且均不应大于 100 mm（d 为锚固钢筋的最小直径）。

表 1-11　纵向受拉钢筋搭接长度 $l_l$

| 钢筋种类及同一区段内搭接钢筋面积百分率 | | 混凝土强度等级 | | | | | | | | | | | | | | | | |
| --- | --- | --- | --- | --- | --- | --- | --- | --- | --- | --- | --- | --- | --- | --- | --- | --- | --- | --- |
| | | C20 | C25 | | C30 | | C35 | | C40 | | C45 | | C50 | | C55 | | C60 | |
| | | $d{\leq}25$ | $d{\leq}25$ | $d{>}25$ | $d{\leq}25$ | $d{>}25$ | $d{\leq}25$ | $d{>}25$ | $d{\leq}25$ | $d{>}25$ | $d{\leq}25$ | $d{>}25$ | $d{\leq}25$ | $d{>}25$ | $d{\leq}25$ | $d{>}25$ | $d{\leq}25$ | $d{>}25$ |
| HPB300 | ≤25% | 47d | 41d | — | 36d | — | 34d | — | 30d | — | 29d | — | 28d | — | 26d | — | 25d | — |
| | 50% | 55d | 48d | — | 42d | — | 39d | — | 35d | — | 34d | — | 32d | — | 31d | — | 29d | — |
| | 100% | 62d | 54d | — | 48d | — | 45d | — | 40d | — | 38d | — | 37d | — | 35d | — | 34d | — |
| HRB335 HRBF335 | ≤25% | 46d | 40d | — | 35d | — | 32d | — | 30d | — | 28d | — | 26d | — | 25d | — | 25d | — |
| | 50% | 53d | 46d | — | 41d | — | 38d | — | 35d | — | 32d | — | 31d | — | 29d | — | 29d | — |
| | 100% | 61d | 53d | — | 46d | — | 43d | — | 40d | — | 37d | — | 35d | — | 34d | — | 34d | — |
| HRB400 HRBF400 RRB400 | ≤25% | — | 48d | 53d | 42d | 47d | 38d | 42d | 35d | 38d | 34d | 37d | 32d | 36d | 31d | 35d | 30d | 34d |
| | 50% | — | 56d | 62d | 49d | 55d | 45d | 49d | 41d | 45d | 39d | 43d | 38d | 42d | 36d | 41d | 35d | 39d |
| | 100% | | 64d | 70d | 56d | 62d | 51d | 56d | 46d | 51d | 45d | 50d | 43d | 48d | 42d | 46d | 40d | 45d |
| HRB500 HRBF500 | ≤25% | — | 58d | 64d | 52d | 56d | 47d | 52d | 43d | 48d | 41d | 44d | 38d | 42d | 37d | 41d | 36d | 40d |
| | 50% | — | 67d | 74d | 60d | 66d | 55d | 60d | 50d | 56d | 48d | 52d | 45d | 49d | 43d | 48d | 42d | 46d |
| | 100% | — | 77d | 85d | 69d | 75d | 62d | 69d | 58d | 64d | 54d | 59d | 51d | 56d | 50d | 54d | 48d | 53d |

注：
1. 表中数值为纵向受拉钢筋绑扎搭接接头的搭接长度。
2. 两根不同直径钢筋搭接时，表中 d 取较细钢筋直径。
3. 当为环氧树脂涂层带肋钢筋时，表中数据尚应乘以 1.25。
4. 当纵向受拉钢筋在施工过程中易受扰动时，表中数据尚应乘以 1.1。
5. 当搭接长度范围内纵向受力钢筋周边保护层厚度为 3d、5d（d 为搭接钢筋的直径）时，表中数据尚可分别乘以 0.8、0.7；中间时按内插值。
6. 当上述修正系数（注 3～注 5）多于一项时，可按连乘计算。
7. 任何情况下，搭接长度不应小于 300 mm。

表 1-12 纵向受拉钢筋抗震搭接长度 $l_{lE}$

| 钢筋种类及同一区段内搭接钢筋面积百分率 | | C20 | C25 | | C30 | | C35 | | C40 | | C45 | | C50 | | C55 | | C60 | |
|---|---|---|---|---|---|---|---|---|---|---|---|---|---|---|---|---|---|---|
| | | d≤25 | d≤25 | d>25 | d≤25 | d>25 | d≤25 | d>25 | d≤25 | d>25 | d≤25 | d>25 | d≤25 | d>25 | d≤25 | d>25 | d≤25 | d>25 |
| 一、二级抗震等级 HPB300 | ≤25% | 54d | 47d | — | 42d | — | 38d | — | 35d | — | 34d | — | 31d | — | 30d | — | 29d | — |
| | 50% | 63d | 55d | — | 49d | — | 45d | — | 41d | — | 39d | — | 36d | — | 35d | — | 34d | — |
| HRB335 HRBF335 | ≤25% | 53d | 46d | — | 40d | — | 37d | — | 35d | — | 31d | — | 30d | — | 29d | — | 29d | — |
| | 50% | 62d | 53d | — | 46d | — | 43d | — | 41d | — | 36d | — | 35d | — | 34d | — | 34d | — |
| HRB400 RRB400 | ≤25% | — | 55d | 61d | 48d | 54d | 44d | 48d | 40d | 44d | 38d | 43d | 37d | 42d | 36d | 40d | 35d | 38d |
| | 50% | — | 64d | 71d | 56d | 63d | 52d | 56d | 46d | 52d | 45d | 50d | 43d | 49d | 42d | 46d | 41d | 45d |
| HRB500 HRBF500 | ≤25% | — | 66d | 73d | 59d | 65d | 54d | 59d | 49d | 55d | 47d | 52d | 44d | 48d | 43d | 47d | 42d | 46d |
| | 50% | — | 77d | 85d | 69d | 76d | 63d | 69d | 57d | 64d | 55d | 60d | 52d | 56d | 50d | 55d | 49d | 53d |
| 三级抗震等级 HPB300 | ≤25% | 49d | 43d | — | 38d | — | 35d | — | 31d | — | 30d | — | 29d | — | 28d | — | 26d | — |
| | 50% | 57d | 50d | — | 45d | — | 41d | — | 36d | — | 35d | — | 34d | — | 32d | — | 31d | — |
| HRB335 HRBF335 | ≤25% | 48d | 42d | — | 36d | — | 34d | — | 31d | — | 29d | — | 28d | — | 26d | — | 26d | — |
| | 50% | 56d | 49d | — | 42d | — | 39d | — | 36d | — | 34d | — | 32d | — | 31d | — | 31d | — |
| HRB400 RRB400 | ≤25% | — | 50d | 55d | 44d | 49d | 41d | 44d | 36d | 41d | 35d | 40d | 34d | 38d | 32d | 36d | 31d | 35d |
| | 50% | — | 59d | 64d | 52d | 57d | 48d | 52d | 42d | 48d | 41d | 46d | 39d | 45d | 38d | 42d | 36d | 41d |
| HRB500 HRBF500 | ≤25% | — | 60d | 67d | 54d | 59d | 49d | 54d | 46d | 50d | 43d | 47d | 41d | 44d | 40d | 43d | 38d | 42d |
| | 50% | — | 70d | 78d | 63d | 69d | 57d | 63d | 53d | 59d | 50d | 55d | 48d | 52d | 46d | 50d | 45d | 49d |

混凝土强度等级

注：
1. 表中数据为纵向受拉钢筋绑扎搭接头的搭接长度。
2. 两根不同直径钢筋搭接时，表中 d 取较细钢筋直径。
3. 当为环氧树脂涂层带肋钢筋时，表中数据尚应乘以 1.25。
4. 当纵向受拉钢筋在施工过程中易受扰动时，表中数据尚应乘以 1.1。
5. 当搭接长度范围内纵向受力钢筋周边保护层厚度为 3d、5d（d 为搭接钢筋的直径），表中数据尚可分别乘以 0.8、0.7；中间时按内插值。
6. 当上述修正系数（注 3～注 5）多于一项时，可按连乘计算。
7. 任何情况下，搭接长度不应小于 300 mm。
8. 四级抗震等级时，$l_{lE}＝l_l$。

已知某混凝土构件强度等级为 C35，均采用 HRB335 级钢筋，抗震等级为三级，根据初识内容查出 $l_{aE}$ 的值。

参考答案

# 项目二　梁构件钢筋工程量的识读

**项目描述**

通过识读梁构件平法表达图，掌握梁构件平法施工图制图规则。

**任务描述**

识读16G101—1的梁平法施工图，掌握梁构件钢筋名称。

**拟达到的教学目标**

**能力目标：**

能够识读梁平法施工图。

**知识目标：**

1. 梁构件的类型；

2. 梁构件的代号；

3. 梁构件的平法表达方法。

**项目支撑知识链接**

## 链接之一：梁的类型及代号

在工程中，梁的类型有楼层框架梁、屋面框架梁、框支梁、非框架梁、悬挑梁、井字梁等。梁编号见表2-1。

表2-1　梁的平法分类与编号表

| 梁的类型 | 代号 | 序号 | 跨数及是否带有悬挑 |
|---|---|---|---|
| 楼层框架梁 | KL | ×× | (××)、(××A)或(××B) |
| 楼层框架扁梁 | KBL | ×× | (××)、(××A)或(××B) |
| 屋面框架梁 | WKL | ×× | (××)、(××A)或(××B) |
| 框支梁 | KZL | ×× | (××)、(××A)或(××B) |

| 梁的类型 | 代号 | 序号 | 跨数及是否带有悬挑 |
|---|---|---|---|
| 托柱转换梁 | TZL | ×× | (××)、(××A)或(××B) |
| 非框架梁 | L | ×× | (××)、(××A)或(××B) |
| 悬挑梁 | XL | ×× | (××)、(××A)或(××B) |
| 井字梁 | JZL | ×× | (××)、(××A)或(××B) |
| 注：(××A)为一端有悬挑，(××B)为两端有悬挑，悬挑不计入跨数。 | | | |

例如：某梁编号为 KL7(5A)，其含义为：第 7 号框架梁，梁有 5 跨，一端有悬挑；某梁编号为 L9(7B)，其含义为：第 9 号非框架梁，梁有 7 跨，两端均有悬挑。

## 链接之二：框架梁的识读

框架梁平面注写表示方式如图 2-1 所示。

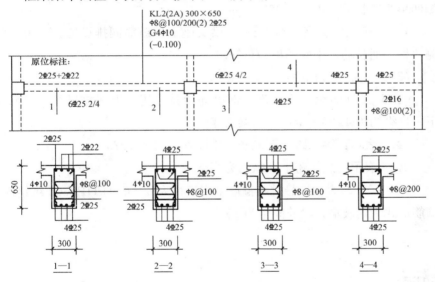

**图 2-1  KL 平面注写表示方式**

### 1. 集中标注

KL2(2A)300×650

φ8@100/200(2)  2Φ25

G4φ10(−0.100)

解释：

KL2(2A)表示 2 号框架梁，2 跨，且一端有悬挑。

300×650 表示该梁截面为矩形，截面宽为 300 mm，高为 650 mm。

φ8@100/200(2)表示箍筋为 HPB300 级钢筋，直径为 8 mm，加密

区间距为 100 mm，非加密区间距为 200 mm，均为双肢箍，这里"/"表示箍筋加密区与非加密区采用不同间距。

2Φ25 表示上部有 2 根直径为 25 mm 的通长筋。

G4φ10 表示有 4 根直径为 10 mm 的 HPB300 级构造钢筋。

(−0.100)表示该梁顶面标高比其结构层标高低 0.1 m。

**2. 原位标注**

(1)梁上部原位标注：

2Φ25＋2Φ22 表示：梁支座上部纵筋同排设置，但有两种直径，其中，2Φ25 放在角部，为通长筋；2Φ22 放在中部，为负筋。"＋"连接不同种钢筋直径。

6Φ25　4/2 表示：梁支座上部纵筋两排设置，上一排纵筋为 4Φ25，下一排纵筋为 2Φ25。其中，上一排纵筋中两侧的两根钢筋为通长筋，中间的两根为负筋；下一排纵筋中 2Φ25 为负筋。这里"/"表示钢筋分排。

4Φ25(第三个支座左侧)表示：梁支座上部纵筋同排设置。其中，两侧两根为通长筋，中间两根为负筋。

4Φ25(第三个支座右侧)表示：梁支座上部纵筋同排设置。其中，两侧两根为通长筋，中间两根为负筋。

(2)梁下部原位标注：

6Φ25　2/4 表示：第一跨下部纵筋两排设置，上一排纵筋为 2Φ25，下一排纵筋为 4Φ25。全部伸入梁支座。

4Φ25 表示：第二跨下部纵筋一排设置，均为 4Φ25。

2Φ16 表示：悬挑跨下部纵筋为 2Φ16。

φ8@100(2)表示：悬挑跨箍筋采用直径为 8 mm 的 HPB300 级钢筋，箍筋形式为两肢箍，箍筋间距为 100 mm。

📺 ➤ 课后习题

如图 2-2 所示，二号框架梁，梁宽为 350 mm，梁高为 750 mm，两跨，箍筋采用直径为 8 mm 的 HPB300 级钢筋，加密区间距为 100 mm，非加密区间距为 200 mm，箍筋均采用两肢箍，上部采用 2 根直径为 22 mm 的 HRB335 级通长钢筋，下部第一跨采用两根直径为 25 mm 的 HRB335 级受力纵筋，下部第二跨采用两根直径为 22 mm 的 HRB335 级受力纵筋，构造筋采用 4 根直径为 16 mm 的 HRB335 级钢筋；拉筋采用直径为 6 mm 的 HRB335 级钢筋，间距为 400 mm。除通长筋外，第一支座处采用 4 根负筋，其中第一排为 2 根直径为 20 mm 的 HRB335 级钢筋，第二排为 2 根直径 18 mm 的 HRB335 级钢筋；第二支座处负筋采用 4 根负筋，其中第一排为 2 根直径 20 mm 的 HRB335 级钢筋，第二排为 2 根直径 20 mm 的 HRB335 级钢筋，第三支座处负筋采用 2 根直径为 20 mm 的 HRB335 级钢筋，且只有一排。

根据以上描述，为图 2-2 完成原位标注和集中标注。

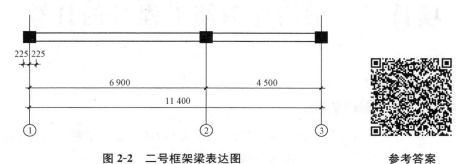

图 2-2　二号框架梁表达图　　　　　　　　　　　参考答案

# 项目三　梁构件钢筋工程量的计算

**项目描述**

通过计算框架梁、非框架梁钢筋的工程量，了解梁构件钢筋的组成及名称，并掌握梁构件钢筋的计算方法。

**任务描述**

计算图 3-1 和图 3-5 的梁钢筋工程量。

**拟达到的教学目标**

知识目标：

1. 框架梁内各类钢筋计算方法；
2. 非框架梁内各类钢筋计算方法。

能力目标：

1. 能够计算框架梁内钢筋工程量；
2. 能够计算非框架梁内钢筋工程量。

**项目支撑知识链接**

## 一、框架梁计算项目

**项目简介**

如图 3-1 所示，KL1 为楼层框架梁，混凝土强度等级为 C30，所处环境为一类环境，抗震等级为一级，计算其钢筋工程量（只计算其长度）。KL1 支座 KZ 截面尺寸均为 450 mm×450 mm，混凝土强度等级为 C35。

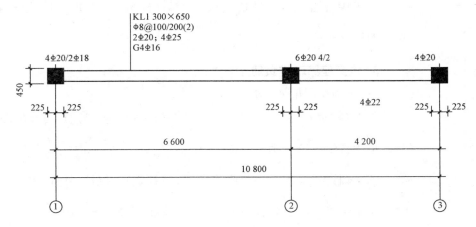

图 3-1　KL1 平法表达图

## 链接之一：一般框架梁、屋面框架梁钢筋计算规则

**1. 上部通长筋**

上部通长筋＝左支座锚固＋净跨＋右支座锚固

（1）当为楼层框架梁时：

若 $h_c$（柱宽）－保护层厚度＞$l_{aE}$ 且 $h_c$（柱宽）－保护层厚度＞$0.5h_c+5d$ 时，采用直锚，锚固长度＝$\max\{l_{aE}, 0.5h_c+5d\}$

若 $h_c$（柱宽）－保护层厚度＜$l_{aE}$ 或 $h_c$（柱宽）－保护层厚度＜$0.5h_c+5d$ 时，采用弯锚，锚固长度＝$h_c$－保护层厚度＋15d

（2）当为屋面框架梁时：

均采用弯锚，锚固长度＝$h_c$（柱宽）－保护层厚度＋梁高－保护层厚度

**2. 边支座第一排负筋**

（1）当为楼层框架梁时：

若 $h_c$（柱宽）－保护层厚度＞$l_{aE}$ 且 $h_c$（柱宽）－保护层厚度＞$0.5h_c+5d$ 时，采用直锚，第一排负筋长度＝$\max\{l_{aE}, 0.5h_c+5d\}+\dfrac{l_n}{3}$

若 $h_c$（柱宽）－保护层厚度＜$l_{aE}$ 或 $h_c$（柱宽）－保护层厚度＜$0.5h_c+5d$ 时，采用弯锚，第一排负筋长度＝$h_c$－保护层厚度＋$15d+\dfrac{l_n}{3}$

（2）当为屋面框架梁时：

均采用弯锚：第一排负筋长度＝$h_c$（柱宽）－保护层厚度＋梁高－保护层厚度＋$\dfrac{l_n}{3}$

**3. 边支座第二排负筋**

（1）当为楼层框架梁时：

若$h_c$（柱宽）－保护层厚度＞$l_{aE}$且$h_c$（柱宽）－保护层厚度＞$0.5h_c+5d$时，采用直锚，第二排负筋长度＝$\max\{l_{aE},\ 0.5h_c+5d\}+\dfrac{l_n}{4}$

若$h_c$（柱宽）－保护层厚度＜$l_{aE}$或$h_c$（柱宽）－保护层厚度＜$0.5h_c+5d$时，采用弯锚，第二排负筋长度＝$h_c$－保护层厚度＋$15d+\dfrac{l_n}{4}$

（2）当为屋面框架梁时：

均采用弯锚，第二排负筋长度＝$h_c$（柱宽）－保护层厚度＋梁高－保护层厚度＋$\dfrac{l_n}{4}$

**4. 中支座第一排负筋**

楼层框架梁及屋面框架梁（图 3-2）：中支座第一排负筋＝$\dfrac{l_n}{3}\times2$＋支座宽

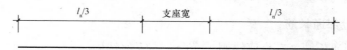

**图 3-2　楼层框架梁及屋面框架梁计算示意**

**5. 中支座第二排负筋**

楼层框架梁及屋面框架梁（图 3-3）：中支座第二排负筋＝$\dfrac{l_n}{4}\times2$＋支座宽

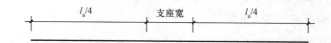

**图 3-3　楼层框架梁及屋面框架梁计算示意**

**6. 构造筋**

构造筋＝$2\times15d$＋净跨（图 3-4）。

**图 3-4　构造筋计算示意**

**7. 下部受力筋**

楼层框架梁及屋面框架梁：

下部受力筋＝净跨＋左支座锚固＋右支座锚固

边支座锚固长度：

若 $h_c$（柱宽）－保护层厚度＞$l_{aE}$ 且 $h_c$（柱宽）－保护层厚度＞$0.5h_c+5d$ 时，采用直锚，锚固长度＝$\max\{l_{aE}, 0.5h_c+5d\}$

若 $h_c$（柱宽）－保护层厚度＜$l_{aE}$ 或 $h_c$（柱宽）－保护层厚度＜$0.5h_c+5d$ 时，采用弯锚，锚固长度＝$h_c$－保护层厚度＋$15d$

中支座锚固长度＝$\max\{l_{aE}, 0.5h_c+5d\}$

**8. 箍筋**

箍筋单根长度＝构件周长－8×保护层厚度＋2×1.9$d$＋2×$\max\{10d, 75\text{ mm}\}$

$$箍筋个数＝\frac{加密布置范围}{加密间距}+\frac{非加密布置范围}{非加密间距}+1$$

$$＝\frac{加密布置范围－起步距离}{加密间距}×2+\frac{净跨－加密布置范围×2}{非加密间距}+1$$

箍筋总长＝单个箍筋长×个数

注：1. 起步距离一般取 50 mm；

2. 加密区范围：一级抗震：≥$2.0h_b$ 且≥500 mm，二～四级抗震：≥$1.5h_b$ 且≥500 mm。

**9. 拉筋**

当梁宽≤350 mm 时，直径取 6 mm；当梁宽＞350 mm，直径取 8 mm。间距为 2 倍非加密区箍筋间距。

框架梁以及考虑抗震作用时的悬挑梁：

拉筋单根长度＝（构件宽度－2×保护层厚度）＋2×1.9$d$＋2×$\max\{10d, 75\text{ mm}\}$

非框架梁以及不考虑抗震作用时的悬挑梁：

拉筋单根长度＝（构件宽度－2×保护层厚度）＋2×1.9$d$＋2×5$d$

$$拉筋个数＝\left(\frac{净跨－0.05×2}{间距}+1\right)×排数$$

拉筋总长＝拉筋单根长度×拉筋个数

**10. 扭筋**

同下部受力筋计算方法。

**项目实施**

框架梁钢筋工程量计算过程。

解：因为抗震等级为一级，楼层框架梁的支座框架柱混凝土强度等级为 C35，楼层框架梁纵筋为 HRB335 级，查表可得 $l_{aE}=31d$。

31×20＝620（mm）＞450－20＝430（mm）

31×18＝558（mm）＞450－20＝430（mm）

$$31 \times 22 = 682 (\text{mm}) > 450 - 20 = 430 (\text{mm})$$

$$31 \times 25 = 775 (\text{mm}) > 450 - 20 = 430 (\text{mm})$$

所以该梁的边支座锚固全采用弯锚。具体计算过程如下：

上部直径为 20 mm 通长筋长度 $=$ [净跨$+$（支座宽度$-$保护层厚度）$\times$

$2 + 15d \times 2$)] $\times$ 根数

$= [ ( 10.8 - 0.225 \times 2 ) + ( 0.45 -$

$0.02 ) \times 2 + 15 \times 0.02 \times 2 ] \times 2$

$= 11.81 \times 2$

$= 23.62 (\text{m})$

①支座处上部第一排负筋长度（通长筋除外）

$$= \left[ \frac{1}{3} l_{\text{n1}} + （支座宽度 - 保护层厚度） + 15d \right] \times 根数$$

$$= \left[ \frac{1}{3} \times (6.6 - 0.225 \times 2) + (0.45 - 0.02) + 15 \times 0.2 \right] \times 2$$

$$= 2.78 \times 2$$

$$= 5.56 (\text{m})$$

①支座处上部第二排负筋长度

$$= \left[ \frac{1}{4} l_{\text{n1}} + （支座宽度 - 保护层厚度） + 15d \right] \times 根数$$

$$= \left[ \frac{1}{4} \times (6.6 - 0.225 \times 2) + (0.45 - 0.02) + 15 \times 0.018 \right] \times 2$$

$$= 2.238 \times 2$$

$$= 4.476 (\text{m})$$

因为：$l_{\text{n1}} > l_{\text{n2}}$

所以：②支座处上部第一排负筋长度（通长筋除外）

$$= \left( \frac{1}{3} l_{\text{n1}} \times 2 + 支座宽度 \right) \times 根数$$

$$= \left[ \frac{1}{3} \times (6.6 - 0.225 \times 2) \times 2 + 0.45 \right] \times 2$$

$$= 4.55 \times 2$$

$$= 9.1 (\text{m})$$

②支座处上部第二排负筋长度

$$= \left( \frac{1}{4} l_{\text{n1}} \times 2 + 支座宽度 \right) \times 根数$$

$$= \left[ \frac{1}{4} \times (6.6 - 0.225 \times 2) \times 2 + 0.45 \right] \times 2$$

$$= 3.525 \times 2$$

$$= 7.05 (\text{m})$$

③支座处上部第一排负筋长度(通长筋除外)

$$= \left[\frac{1}{3}l_{n2} + (支座宽度 - 保护层厚度) + 15d\right] \times 根数$$

$$= \left[\frac{1}{3} \times (4.2 - 0.225 \times 2) + (0.45 - 0.02) + 15 \times 0.02\right] \times 2$$

$$= 1.98 \times 2$$

$$= 3.96(m)$$

因为 $l_{aE} = 31d = 31 \times 0.025 = 0.775(m)$，$0.5h_c + 5d = 0.5 \times 0.45 + 5 \times 0.025 = 0.35(m)$，$l_{aE} > 0.5h_c + 5d$

所以，第一跨下部受力筋长度 = [(左支座宽度 - 保护层厚度) + 15d + 净长 + $l_{aE}$] × 根数

$$= [(0.45 - 0.02) + 15 \times 0.025 + (6.6 - 0.225 \times 2) + 0.775] \times 4$$

$$= 7.73 \times 4$$

$$= 30.92(m)$$

因为 $l_{aE} = 31d = 31 \times 0.022 = 0.682(m)$，$0.5h_c + 5d = 0.5 \times 0.45 + 5 \times 0.022 = 0.335(m)$，$l_{aE} > 0.5h_c + 5d$

所以，第二跨下部受力筋长度 = [$l_{aE}$ + 净长 + (右支座宽度 - 保护层厚度) + 15d] × 根数

$$= [0.682 + (4.2 - 0.225 \times 2) + (0.45 - 0.02) + 15 \times 0.022] \times 4$$

$$= 5.192 \times 4$$

$$= 20.768(m)$$

构造筋长度 = (锚固 + 净长 + 锚固) × 根数

$$= [15d + (10.8 - 0.225 \times 2) + 15d] \times 4$$

$$= [15 \times 0.016 + (10.8 - 0.225 \times 2) + 15 \times 0.016] \times 4$$

$$= 10.83 \times 4$$

$$= 43.32(m)$$

箍筋单根长度 = 构件周长 - 8 × 保护层厚度 + 2 × 1.9d + 2 × max{10d, 75 mm}

$$= (0.3 + 0.65) \times 2 - 8 \times 0.02 + 2 \times 1.9 \times 0.008 + 2 \times 10 \times 0.008$$

$$= 1.93(m)$$

因为 $2h_b = 2 \times 0.65 = 1.3 > 0.5$

所以，第一跨箍筋根数 $= \dfrac{1.3 - 0.05}{0.1} \times 2 + \dfrac{6.6 - 0.45 - 1.3 \times 2}{0.2} + 1$

$$= 45(根)(结果取整加1，下同)$$

$$第二跨箍筋根数=\frac{1.3-0.05}{0.1}\times 2+\frac{4.2-0.45-1.3\times 2}{0.2}+1$$

$$=33(根)$$

箍筋总根数：$45+33=78$（根）

箍筋总长＝箍筋单根长度×箍筋总根数

$$=1.93\times 78=150.54(m)$$

由于梁宽＝300 mm＜350 mm，拉筋应取直径为 6 mm 的圆钢，拉筋间距为 400 mm（箍筋非加密区间距的 2 倍）。

拉筋单根长度＝（构件宽度－2×保护层厚度）＋2×1.9$d$＋2×

$$\max\{10d,\ 75\ mm\}$$

$$=(0.3-2\times 0.02)+2\times 1.9\times 0.006+2\times 0.075$$

$$=0.433(m)$$

第一跨拉筋根数＝（布置范围÷布置间距＋1）×排数

$$=[(6.6-0.45-0.05\times 2)\div 0.4+1]\times 2$$

$$=17\times 2=34(根)$$

第二跨拉筋根数＝（布置范围÷布置间距＋1）×排数

$$=[(4.2-0.45-0.05\times 2)\div 0.4+1]\times 2$$

$$=11\times 2=22(根)$$

拉筋总根数：$34+22=56$（根）

拉筋总长＝拉筋单根长度×拉筋总根数

$$=0.433\times 56=24.248(m)$$

## 二、非框架梁计算项目

### 项目简介

图 3-5 所示为框架结构板平面布置图。图中所有 KZ 截面尺寸均为 600 mm×600 mm，混凝土强度等级为 C35。图中 3-5 所示梁混凝土强度等级均为 C30，所处环境类别为一类，抗震等级为三级，计算图中 L1 钢筋工程量（本题中按支座处为铰接设置考虑）。

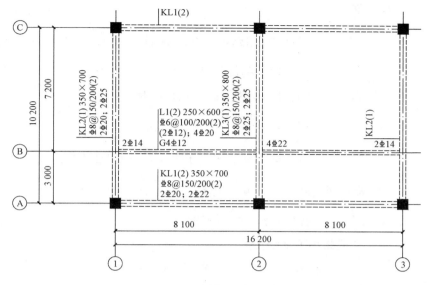

图 3-5 L1 平法表达图

---

📻 项目支撑知识链接

## 链接之二：非框架梁钢筋计算规则

**1. 边支座负筋**

若：$h_c$（支座宽）－保护层厚度$< l_a$

边支座负筋长度
$$\begin{cases} 设计按铰接时：支座宽－保护层厚度＋15d＋\dfrac{l_n}{5} \\ 充分利用钢筋的抗拉强度时：支座宽－ \\ \quad 保护层厚度＋15d＋\dfrac{l_n}{3} \end{cases}$$

若：$h_c$（支座宽）－保护层厚度$> l_a$

边支座负筋长度
$$\begin{cases} 设计按铰接时：l_a＋\dfrac{l_n}{5} \\ 充分利用钢筋的抗拉强度时：l_a＋\dfrac{l_n}{3} \end{cases}$$

其中：$l_n$ 为梁的净跨

**2. 中支座负筋**

$$中支座负筋 = \frac{l_n}{3} \times 2 + 支座宽$$

### 3. 架立筋

$$
边跨架立筋长度
\begin{cases}
设计按铰接时：150\ mm+净跨-\dfrac{净跨}{5}-\dfrac{l_n}{3}+150\ mm \\
(l_n\ 取该部位两侧净跨较大一侧的长度) \\
充分利用钢筋的抗拉强度时：150\ mm+ \\
净跨-\dfrac{净跨}{3}-\dfrac{l_n}{3}+150\ mm \\
(l_n\ 取该部位两侧净跨较大一侧的长度)
\end{cases}
$$

中间跨架立筋长度：$150\ mm+净跨-\dfrac{l_n}{3}-\dfrac{l_n}{3}+150\ mm$

（$l_n$ 取对应部位两侧净跨较大一侧的长度）

### 4. 一般非框架梁下部受力筋

下部受力筋＝净跨＋左支座锚固＋右支座锚固

当受力筋为带肋钢筋时，边支座锚固：

若 $h_c$（支座宽）－保护层厚度$\geqslant 12d$，锚固长度$=12d$。

若 $h_c$（支座宽）－保护层厚度$<12d$，锚固长度$=h_c-$保护层厚度$+1.9d+5d$。

当受力筋为光圆钢筋时，边支座锚固：

若 $h_c$（支座宽）－保护层厚度$\geqslant 15d$，锚固长度$=15d$。

若 $h_c$（支座宽）－保护层厚度$<15d$，锚固长度$=h_c-$保护层厚度$+1.9d+5d$。

当受力筋为带肋钢筋时，中支座锚固长度$=12d$。

当受力筋为光圆钢筋时，中支座锚固长度$=15d$。

### 5. 受扭非框架梁下部受力筋

下部受力筋＝净跨＋左支座锚固＋右支座锚固

当支座为边支座时：

若 $h_c$（支座宽）－保护层厚度$\geqslant l_a$，锚固长度$=l_a$。

若 $h_c$（支座宽）－保护层厚度$<l_a$，锚固长度$=h_c-$保护层厚度$+15d$。

当支座为中支座时，锚固长度$=l_a$

### 6. 受扭非框架梁扭筋

受扭非框架梁扭筋计算同受扭非框架梁下部受力筋计算。

### 7. 非框架梁构造筋

非框架梁构造筋计算同框架梁构造筋计算。

### 8. 非框架梁拉筋

非框架梁拉筋计算同框架梁拉筋计算。

**9．非框架梁箍筋**

非框架梁箍筋计算同框架梁箍筋计算。

**项目实施**

非框架梁钢筋工程量计算过程。

**解**：因为抗震等级为三级，非框架梁的支座框架梁的混凝土强度为 C30，楼层框架梁纵筋为 HRB400 级，查表可得 $l_a = 35d$。

①支座处上部负筋长度

因为，$h_c$（支座宽）－保护层厚度＝0.35－0.02＝0.33(m)$<l_a = 35d = 35 \times 0.014 = 0.49$(m)

所以，①支座处上部负筋长度＝$\left[\dfrac{1}{5}l_{n1} + (支座宽度 - 保护层厚度) + 15d\right] \times 根数$

$$= \left[\dfrac{1}{5} \times (8.1 - 0.175 \times 2) + (0.35 - 0.02) + 15 \times 0.014\right] \times 2$$

$$= 2.09 \times 2$$

$$= 4.18(m)$$

②支座处上部负筋长度：$(l_{n1} = l_{n2})$

$$= \left(\dfrac{1}{3}l_{n1} \times 2 + 支座宽度\right) \times 根数$$

$$= \left[\dfrac{1}{3} \times (8.1 - 0.175 \times 2) \times 2 + 0.35\right] \times 4$$

$$= 5.517 \times 4$$

$$= 22.07(m)$$

第一跨架立筋长度

$$= \left(0.15 + l_{n1} - \dfrac{1}{5}l_{n1} - \dfrac{1}{3}l_{n1} + 0.15\right) \times 根数$$

$$= \left[0.15 + (8.1 - 0.175 \times 2) - \dfrac{1}{5} \times (8.1 - 0.175 \times 2) - \dfrac{1}{3} \times (8.1 - 0.175 \times 2) + 0.15\right] \times 2$$

$$= 3.917 \times 2 = 7.83(m)$$

③支座处上部负筋长度同①支座处上部负筋长度

$$= \left[\dfrac{1}{5}l_{n2} + (支座宽度 - 保护层厚度) + 15d\right] \times 根数$$

$$= \left[\dfrac{1}{5} \times (8.1 - 0.175 \times 2) + (0.35 - 0.02) + 15 \times 0.014\right] \times 2$$

$$= 2.09 \times 2$$

$$= 4.18(m)$$

第二跨架立筋长度同第一跨架立筋长度

$$= (0.15 + l_{n2} - \frac{1}{5}l_{n2} - \frac{1}{3}l_{n2} + 0.15) \times 根数$$

$$= [0.15 + (8.1 - 0.175 \times 2) - \frac{1}{5} \times (8.1 - 0.175 \times 2) - \frac{1}{3} \times (8.1 - 0.175 \times 2) + 0.15] \times 2$$

$$= 3.917 \times 2 = 7.83(\text{m})$$

侧面构造筋长度 = (锚固 + 净长 + 锚固) × 根数

$$= (15d + l_{n1} + 支座宽 + l_{n2} + 15d) \times 根数$$

$$= [15 \times 0.012 + (8.1 - 0.175 \times 2) + 0.35 + (8.1 - 0.175 \times 2) + 15 \times 0.012] \times 4$$

$$= 16.21 \times 4 = 64.84(\text{m})$$

第一跨下部纵筋长度：

因为 $h_c$（支座宽）- 保护层厚度 = 0.35 - 0.02 = 0.33(m) > 12d = 12 × 0.02 = 0.24(m)

所以第一跨下部纵筋长度

$$= (12d + l_{n1} + 12d) \times 根数$$

$$= [12 \times 0.02 + (8.1 - 0.175 \times 2) + 12 \times 0.02] \times 4$$

$$= 8.23 \times 4$$

$$= 32.92(\text{m})$$

第二跨下部纵筋长度同第一跨下部纵筋长度

$$= (12d + l_{n1} + 12d) \times 根数$$

$$= [12 \times 0.02 + (8.1 - 0.175 \times 2) + 12 \times 0.02] \times 4$$

$$= 8.23 \times 4$$

$$= 32.92(\text{m})$$

第一跨箍筋总长度 = 单根长度 × 第一跨箍筋根数

箍筋单根长度 = 构件周长 - 8 × 保护层厚度 + 2 × 1.9d + 2 × max{10d, 75 mm}

$$= (0.25 + 0.6) \times 2 - 8 \times 0.02 + 2 \times 1.9 \times 0.006 + 2 \times 0.075$$

$$= 1.713(\text{m})$$

因为 $1.5h_b = 1.5 \times 0.6 = 0.9 > 0.5$

所以，第一跨箍筋根数 $= \dfrac{0.9 - 0.05}{0.1} \times 2 + \dfrac{8.1 - 0.35 - 0.9 \times 2}{0.2} + 1 = 49$(根)（中间结果均向上取整）

第一跨箍筋总长度 = 1.713 × 49 = 83.937(m)

第二跨与第一跨相同，单根长度为 1.713 m，根数为 49 根，总长为 83.937 m。

由于梁宽＝250 mm<350 mm，拉筋应取为直径为 6 mm 的圆钢。

拉筋间距为 400 mm(箍筋非加密区间距的 2 倍)共两排设置。

拉筋单根长度＝(构件宽度－2×保护层厚度)＋2×1.9d＋2×

$$\max\{10d，75\text{ mm}\}$$

$$＝(0.25－2×0.02)＋2×1.9×0.006＋2×0.075$$

$$＝0.383(\text{m})$$

第一跨拉筋根数＝(布置范围÷布置间距＋1)×排数

$$＝[(8.1－0.35－0.05×2)÷0.4＋1]×2$$

$$＝21×2＝42(\text{根})$$

第二跨与第一跨相同。

拉筋总长＝拉筋单根长度×拉筋总根数

$$＝0.383×(42＋42)$$

$$＝0.383×84$$

$$＝32.172(\text{m})$$

➤ 课后习题

1. 如图 3-6 所示，已知 KL1，混凝土强度等级为 C30，所处环境类别为一类，抗震等级为一级，KL1 支座 KZ 截面尺寸均为 500 mm×500 mm，混凝土强度等级为 C35。计算其钢筋工程量(只计算其长度)。

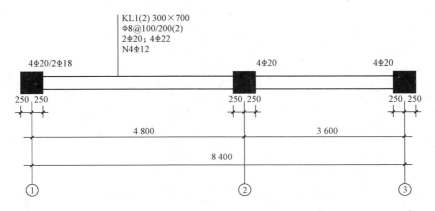

图 3-6　KL1 平注表达图

2. 图 3-7 所示为一端纯悬挑梁 XL1，其截面尺寸为 200 mm×600 mm/400 mm，混凝土强度等级为 C35，其上部纵筋 4Φ25 中包括了 2 根角筋，框架柱的混凝土强度等级为 C35，其截面尺寸为 600 mm×600 mm，一类环境，抗震等级为三级，其余信息详见所给图形，计算悬挑梁 XL1 钢筋长度。

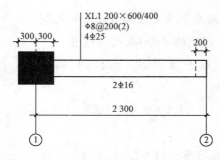

XL1 200×600/400
Φ8@200(2)
4Φ25

300,300

200

2Φ16

2 300

① ②

**图 3-7　一端纯悬挑梁 XL1 平法表达图**

参考答案

# 项目四　板构件钢筋工程量的识读

项目描述

通过识读板构件平法表达图，掌握板构件平法施工图制图规则。

任务描述

识读16G101—1的板平法施工图(图4-1)，掌握梁构件钢筋名称。

拟达到的教学目标

**知识目标：**

1. 板构件的类型；

2. 板构件的代号；

3. 板构件的平法表达方法。

**能力目标：**

能够识读板平法施工图。

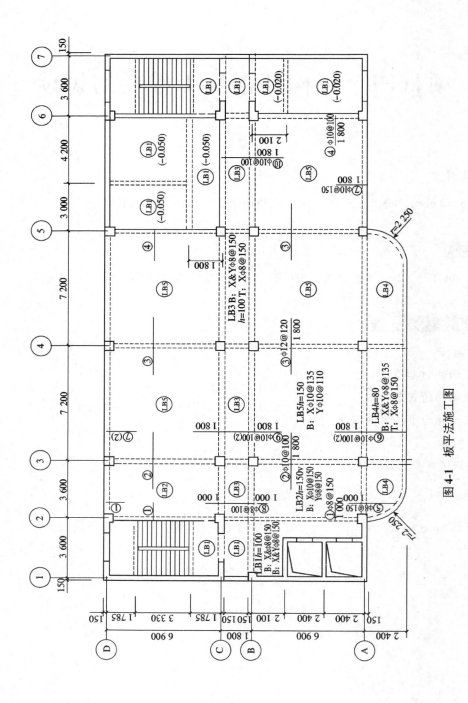

图 4-1 板平法施工图

| 层号 | 标高 /m | 层高 /m |
|---|---|---|
| 屋面2 | 65.670 | 3.30 |
| 塔层2 | 62.370 | 3.30 |
| 屋面1 (塔层1) | 59.070 | 3.60 |
| 16 | 55.470 | 3.60 |
| 15 | 51.870 | 3.60 |
| 14 | 48.270 | 3.60 |
| 13 | 44.670 | 3.60 |
| 12 | 41.070 | 3.60 |
| 11 | 37.470 | 3.60 |
| 10 | 33.870 | 3.60 |
| 9 | 30.270 | 3.60 |
| 8 | 26.670 | 3.60 |
| 7 | 23.070 | 3.60 |
| 6 | 19.470 | 3.60 |
| 5 | 15.870 | 3.60 |
| 4 | 12.270 | 3.60 |
| 3 | 8.670 | 3.60 |
| 2 | 4.470 | 4.20 |
| 1 | -0.030 | 4.50 |
| -1 | -4.530 | 4.50 |
| -2 | -9.030 | 4.50 |
| 层号 | 标高 /m | 层高 /m |
| 结构层楼面标高 结构层高 | | |

· 34 ·

## 链接之一：板的类型及编号

板可分为有梁板和无梁板。本书主要以工程中常见的有梁板为例进行讲解。有梁板类型及编号见表4-1。

表 4-1　有梁板类型及编号

| 板类型 | 代号 | 序号 |
|---|---|---|
| 楼面板 | LB | ×× |
| 屋面板 | WB | ×× |
| 悬挑板 | XB | ×× |

板厚注写为 $h=×××$（为垂直于板面的厚度）；当悬挑板的端部改变截面厚度时，用斜线分隔根部与端部的高度值，注写为 $h=×××/×××$；当设计已在图注中统一注明板厚时，此项可不注。

## 链接之二：板的识读

### 1. 集中标注

贯通纵筋按板块的下部和上部分别注写（当板块上部不设贯通纵筋时则不注），并以 B 代表下部（英文 BOTTOM 的缩写），以 T 代表上部（英文 TOP 的缩写），B&T 代表下部与上部；X 向贯通纵筋以 X 打头，Y 向贯通纵筋以 Y 打头，两向贯通纵筋配置相同时则以 X&Y 打头。

当贯通筋采用两种规格钢筋"隔一布一"方式时，表达为 $\phi xx/yy@×××$，表示直径为 $xx$ 的钢筋和直径为 $yy$ 的钢筋二者之间间距为 $×××$，直径 $xx$ 的钢筋的间距为 $×××$ 的2倍，直径 $yy$ 的钢筋的间距为 $×××$ 的2倍。

板面标高高差是指相对于结构层楼面标高的高差，应将其注写在括号内，且有高差则注，无高差不注。

例：有一楼面板块注写为 LB5　　$h=110$

　　　　　　　　　　B：X$\phi$12@120；Y$\phi$10@110

表示 5 号楼面板，板厚为 110 mm，板下部配置的贯通纵筋 X 向为 $\phi$12@120，Y 向为 $\phi$10@110；板上部未配置贯通纵筋。

例：有一楼面板块注写为LB5  h＝110

B：X⚎10/12@100；Y⚎10@110

表示 5 号楼面板，板厚为 110 mm，板下部配置的贯通纵筋 X 向为⚎10、⚎12，隔一布一，⚎10 与 ⚎12 之间的间距为 100 mm；Y 向为 ⚎10，间距为 110 mm；板上部未配置贯通纵筋。

同一编号板块的类型、板厚和贯通纵筋均应相同，但板面标高、跨度、平面形状以及板支座上部非贯通纵筋可以不同，如同一编号板块的平面形状可为矩形、多边形及其他形状等。施工预算时，应根据其实际平面形状，分别计算各块板的混凝土与钢材用量。

**2. 原位标注**

板支座原位标注的内容为：板支座上部非贯通纵筋和悬挑板上部受力钢筋。板支座原位标注的钢筋，应在配置相同跨的第一跨表达（当在梁悬挑部位单独配置时则在原位表达）。在配置相同跨的第一跨（或梁悬挑部位），垂直于板支座（梁或墙）绘制一段适宜长度的中粗实线（当该筋通长设置在悬挑板或短跨板上部时，实线段应画至对边或贯通短跨），以该线段代表支座上部非贯通纵筋，并在线段上方注写钢筋编号（如①、②等）、配筋值、横向连续布置的跨数（注写在括号内，且当为一跨时可不注），以及是否横向布置到梁的悬挑端。

例：（××）为横向布置的跨数，（××A）为横向布置的跨数及一端的悬挑梁部位，（××B）为横向布置的跨数及两端的悬挑梁部位。板支座上部非贯通筋自支座中线向跨内的伸出长度，注写在线段的下方位置。

当中间支座上部非贯通纵筋向支座两侧对称伸出时，可仅在支座一侧线段下方标注伸出长度，另一侧不注写，如图 4-2 所示。

当向支座两侧非对称伸出时，应分别在支座两侧线段下方注写伸出长度，如图 4-3 所示。

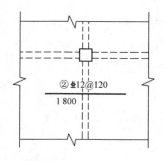

图 4-2 板支座上部非贯通筋对称伸出

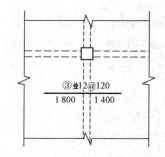

图 4-3 板支座上部非贯通筋非对称伸出

对线段画至对边贯通全跨或贯通全悬挑长度的上部通长纵筋，贯通全跨或伸出至全悬挑一侧的长度值不注，只注明非贯通筋另一侧的伸出长度值，如图 4-4 所示。

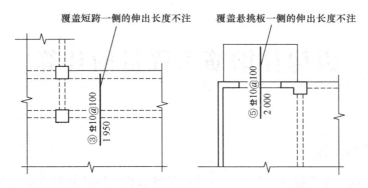

图 4-4　板支座非贯通筋贯通全跨或伸出至悬挑端

▶ 课后习题

如图 4-5 所示，已知①～②轴之间与③～④轴之间为楼板 LB1，其厚度为 120 mm，板底部 X 向受力筋采用直径为 10 mm 间距为 125 mm 的 HPB300 级钢筋，Y 向采用直径为 8 mm 间距为 150 mm 的 HPB300 级钢筋；②～③轴之间为楼板 LB2，其厚度为 120 mm，板底部 X 向受力筋采用直径为 10 mm 间距为 125 mm 的 HPB300 级钢筋，Y 向采用直径为 10 mm 间距为 150 mm 的 HPB300 级钢筋。①号负筋自Ⓐ轴梁中线起向上挑出 2 000 mm，自Ⓑ轴梁中线起向下挑出 2 000 mm，均采用直径为 8 mm 间距为 150 mm 的 HPB300 级钢筋；②号负筋自①轴梁中线起向右挑出 1 500 mm，均采用直径为 8 mm 间距为 150 mm 的 HPB300 级钢筋；③号负筋自②轴梁中线起向左挑出 1 500 mm，向右挑出 2 000 mm，均采用直径为 10 mm 间距为 150 mm 的 HPB300 级钢筋；④号负筋自③轴梁中线起两端各挑出 2 000 mm，均采用直径为 10 mm 间距为 150 mm 的 HPB300 级钢筋；⑤号负筋自④轴梁中线起向左挑出 2 000 mm，均采用直径为 10 mm 间距为 150 mm 的 HPB300 级钢筋。根据上述描述，完成图 4-5 对应标注。

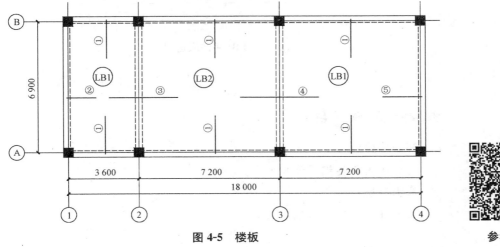

图 4-5　楼板

参考答案

# 项目五　板构件钢筋工程量的计算

通过计算有梁板钢筋的工程量，了解梁构件钢筋的组成及名称，并掌握梁构件钢筋的计算方法。

计算图 5-1 有梁板钢筋工程量。

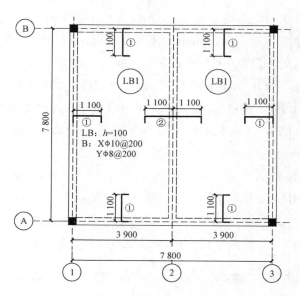

**图 5-1　LB1 平法表达图**

**知识目标：**

有梁板内各类钢筋计算方法。

**能力目标：**

能够计算有梁板内钢筋工程量。

**项目简介**

有梁板计算项目

如图 5-1 所示图中框架梁的截面尺寸 300 mm×650 mm，一般梁截面 300 mm×500 mm，框架柱的截面尺寸 300 mm×300 mm，梁、柱的混凝土强度等级均为 C35，普通楼面板混凝土强度等级为 C30，一类环境，抗震等级为三级，钢筋信息如图 5-1 所示，（负筋均采用 $\phi$10@150，图中未标明分布筋采用 $\phi$6@200）。试计算板中钢筋工程量。

## 有梁板钢筋计算规则

**1. 底筋**

(1)普通楼屋面板底筋单根长度：

$\begin{cases} \text{带肋钢筋：左边支座锚固长度＋净跨＋右边支座锚固长度} \\ \text{圆钢：左边支座锚固长度＋净跨＋右边支座锚固长度}+6.25d×2 \end{cases}$

$\begin{matrix} \text{锚固} \\ \text{长度} \end{matrix} \begin{cases} \text{支座为梁、圈梁、剪力墙时：取} \max\{5d, \frac{1}{2}\text{支座宽}\} \\ \text{支座为砌体墙时：取} \max\{120 \text{ mm}, h \text{板厚}, \frac{1}{2}\text{墙厚}\}-\text{保护层厚度} \end{cases}$

$\text{底筋根数} = \frac{\text{净跨}-\text{底筋间距}}{\text{底筋间距}}+1$

底筋总长＝底筋单根长度×底筋根数

(2)梁板式转换层楼面板底筋单根长度＝左边锚固＋净跨＋右边锚固

边支座锚固长度：

若 $h_c$(支座宽)－保护层厚度＞$l_{aE}$时，

采用直锚，锚固长度＝$l_{aE}$

若 $h_c$(支座宽)－保护层厚度＜$l_{aE}$时，

采用弯锚，锚固长度＝$h_c$(支座宽)－保护层厚度＋15$d$

$\text{中支座锚固长度} = \max\{5d, \frac{1}{2}\text{中支座宽}\}$

$\text{底筋根数} = \frac{\text{净跨}-\text{底筋间距}}{\text{底筋间距}}+1$

底筋总长＝底筋单根长度×底筋根数

**2. 面筋**

（1）普通楼屋面板面筋单根长度：

单根长度＝左端锚固＋净跨＋右端锚固

$$锚固长度\begin{cases}支座为梁、圈梁、剪力墙时\begin{cases}直锚：取\ l_a\\弯锚：取\ 15d＋\\（支座宽－保护层厚度）\end{cases}\\支座为砌体墙：锚固取\ \max\left(120\ \text{mm}，h\ 板厚，\dfrac{1}{2}\ 墙厚\right)－\\保护层厚度＋15d\end{cases}$$

$$面筋根数＝\frac{净跨－面筋间距}{面筋间距}＋1$$

面筋总长＝面筋单根长度×面筋根数

（2）梁板式转换层楼面板面筋单根长度：

单根长度＝左边锚固＋净跨＋右边锚固

锚固长度：

若：$h_c$（支座宽）－保护层厚度＞$l_{aE}$时，采用直锚，锚固长度＝$l_{aE}$。

若：$h_c$（支座宽）－保护层厚度＜$l_{aE}$时，采用弯锚，锚固长度＝$h_c$（支座宽）－保护层厚度＋$15d$。

$$面筋根数＝\frac{净跨－面筋间距}{面筋间距}＋1，面筋总长＝面筋单根长度×面筋根数。$$

**3. 负筋**

单根长度＝左弯折＋直段＋右弯折

$$弯折（锚固）\begin{cases}弯折在板中：取板厚－2×保护层厚度\\弯折在梁、圈梁、剪力墙中：锚固长度同面筋计算方法\end{cases}$$

$$负筋根数＝\frac{净跨－负筋间距}{负筋间距}＋1$$

负筋总长＝负筋单根长度×负筋根数

**4. 分布筋**

分布筋单根长度＝净跨－左边负筋挑出长度－右边负筋挑出长度＋2×0.15

$$分布筋根数＝\frac{负筋挑出长度－\dfrac{1}{2}×分布筋间距}{分布筋间距}＋1$$

分布筋总长＝分布筋单根长度×分布筋根数

**项目实施**

普通楼面板钢筋工程量计算过程：

**解：1. 底筋**

（1）X 向底筋：

底筋单根长＝左边支座锚固长度＋净跨＋右边支座锚固长度＋$6.25d \times 2$

$$= \max\left\{5d, \frac{1}{2}支座宽\right\} + (3.9-0.3) +$$

$$\max\left\{5d, \frac{1}{2}支座宽\right\} + 6.25 \times 0.01 \times 2$$

$$= \max\left\{5 \times 0.01, \frac{1}{2} \times 0.3\right\} + 3.6 +$$

$$\max\left\{5 \times 0.01, \frac{1}{2} \times 0.3\right\} + 0.125$$

$$= 0.15 + 3.6 + 0.15 + 0.125 = 4.025(\text{m})$$

①～②轴线间 X 向底筋根数 $= \dfrac{净跨-底筋间距}{底筋间距} + 1 = \dfrac{(7.8-0.3)-0.2}{0.2} + 1$

$$= 38(\text{根})$$

②～③轴线间 X 向底筋根数同①～②轴线间根数。

X 向底筋总根数$=38 \times 2 = 76(\text{根})$

X 向底筋总长$=$底筋单根长$\times$底筋总根数$=4.025 \times 76 = 305.9(\text{m})$

（2）Y 向底筋：

底筋单根长＝左边支座锚固长度＋净跨＋右边支座锚固长度＋$6.25d \times 2$

$$= \max\left\{5d, \frac{1}{2}支座宽\right\} + (7.8-0.3) +$$

$$\max\left\{5d, \frac{1}{2}支座宽\right\} + 6.25 \times 0.008 \times 2$$

$$= \max\left\{5 \times 0.008, \frac{1}{2} \times 0.3\right\} + 7.5 +$$

$$\max\left\{5 \times 0.008, \frac{1}{2} \times 0.3\right\} + 0.1$$

$$= 0.15 + 7.5 + 0.15 + 0.1 = 7.9(\text{m})$$

①～②轴线间 Y 向底筋根数 $= \dfrac{净跨-底筋间距}{底筋间距} + 1$

$$= \dfrac{(3.9-0.3)-0.2}{0.2} + 1 = 18(\text{根})$$

②～③轴线间 Y 向底筋根数同①～②轴线间根数

Y 向底筋总根数$=18 \times 2 = 36(\text{根})$

Y 向底筋总长$=$底筋单根长$\times$底筋总根数$=7.9 \times 36 = 284.4(\text{m})$

2. 负筋

（1）①号负筋单根长度＝左弯折＋直段＋右弯折

$$= 15d + (支座宽-保护层厚度) + (标注长度$$

$$- \frac{1}{2} \times 支座宽) + (板厚 - 2 \times 保护层厚度)$$

$$= 15 \times 0.01 + (0.3-0.02) + (1.1-0.15) +$$

$$(0.1-2\times0.015)$$
$$=1.45(\text{m})$$

①轴线上①号负筋根数$=\dfrac{\text{净跨}-\text{负筋间距}}{\text{负筋间距}}+1=\dfrac{(7.8-0.3)-0.15}{0.15}+1$

$$=50(\text{根})$$

Ⓐ轴线上，①～②轴线间

①号负筋根数$=\dfrac{\text{净跨}-\text{负筋间距}}{\text{负筋间距}}+1=\dfrac{(3.9-0.3)-0.15}{0.15}+1=24(\text{根})$

①号负筋总根数$=50\times2+24\times4=196(\text{根})$

①号负筋总长度$=$①号负筋单根长度$\times$①号负筋总根数$=1.45\times196$

$$=284.2(\text{m})$$

(2)②号负筋单根长度$=$左弯折$+$直段$+$右弯折

$$=(\text{板厚}-2\times\text{保护层厚度})+1.1\times2+(\text{板厚}$$
$$-2\times\text{保护层厚度})$$

$$=(0.1-2\times0.015)+1.1\times2+(0.1-2\times$$
$$0.015)=2.34(\text{m})$$

②号负筋总根数$=\dfrac{\text{净跨}-\text{负筋间距}}{\text{负筋间距}}+1=\dfrac{(7.8-0.3)-0.15}{0.15}+1=50(\text{根})$

②号负筋总长度$=$②号负筋单根长度$\times$②号负筋总根数$=2.34\times50$

$$=117(\text{m})$$

(3)分布筋：

①轴线上①号负筋下分布筋单根长度

$=$净跨$-$左边负筋挑出长度$-$右边负筋挑出长度$+2\times0.15$

$=(7.8-0.3)-(1.1-0.15)\times2+2\times0.15$

$=5.9(\text{m})$

①轴线上①号负筋下分布筋根数

$$\text{分布筋根数}=\dfrac{\text{负筋挑出长度}-\dfrac{1}{2}\times\text{分布筋间距}}{\text{分布筋间距}}+1$$

$$=\dfrac{(1.1-0.15)-\dfrac{1}{2}\times0.2}{0.2}+1=6(\text{根})$$

同理：②、③轴线上负筋下分布筋单根长度为5.9 m，且②轴线左侧分布筋与②轴线右侧分布筋及③轴线左侧分布筋根数均等于①轴线上①号负筋下分布筋根数，即6根。

所以，Y向分布筋总根数为$6\times4=24(\text{根})$。

Y向分布筋总长度$=$Y向分布筋单根长度$\times$Y向分布筋总根数$=5.9\times$
$24=141.6(\text{m})$

Ⓐ轴线上①～②轴线间，

①号负筋下分布筋单根长度＝净跨－左边负筋挑出长度－右边负筋挑

出长度＋2×0.15

$= (3.9-0.3)-(1.1-0.15)\times2+2\times0.15$

$= 2(\text{m})$

$$\text{Ⓐ轴线上①～②轴线间分布筋根数}=\cfrac{\text{负筋挑出度}-\dfrac{1}{2}\times\text{分布筋间距}}{\text{分布筋间距}}+1$$

$$=\cfrac{(1.1-0.15)-\dfrac{1}{2}\times0.2}{0.2}+1=6(\text{根})$$

同理：Ⓐ轴线上②～③轴线间，Ⓑ轴线上①～②轴线间，Ⓑ轴线上②～③轴线间负筋下的分布筋根数均为 6 根。

所以 X 向分布筋总根数为 6×4＝24(根)。

X 向分布筋总长度＝X 向分布筋单根长度×X 向分布筋总根数

$= 2\times24=48(\text{m})$

▶ 课后习题

如图 5-2 所示，框架梁截面尺寸为 300 mm×700 mm，一般梁截面尺寸为 300 mm×500 mm，框架柱截面尺寸为 300 mm×300 mm，梁柱混凝土强度等级均为 C35，板混凝土强度等级为 C25，一类环境，抗震等级为二级，钢筋信息如图 5-2 所示(负筋均采用 Φ10@150，图中未注明分布筋采用 Φ6@200)，计算板中的钢筋工程量。

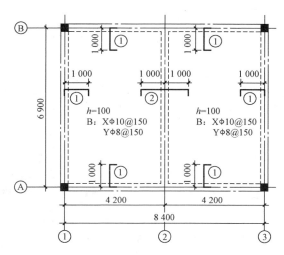

图 5-2　板中钢筋计算图

参考答案

# 项目六　柱构件钢筋工程量的识读

**项目描述**

通过识读柱构件平法表达图，掌握柱构件平法施工图制图规则。

**任务描述**

识读 16G101—1 的 11 页柱平法施工图（图 6-1），掌握柱构件钢筋名称。

**拟达到的教学目标**

知识目标：

1. 柱构件的类型；

2. 柱构件的代号；

3. 柱构件的平法表达方法。

能力目标：

能够识读柱平法施工图。

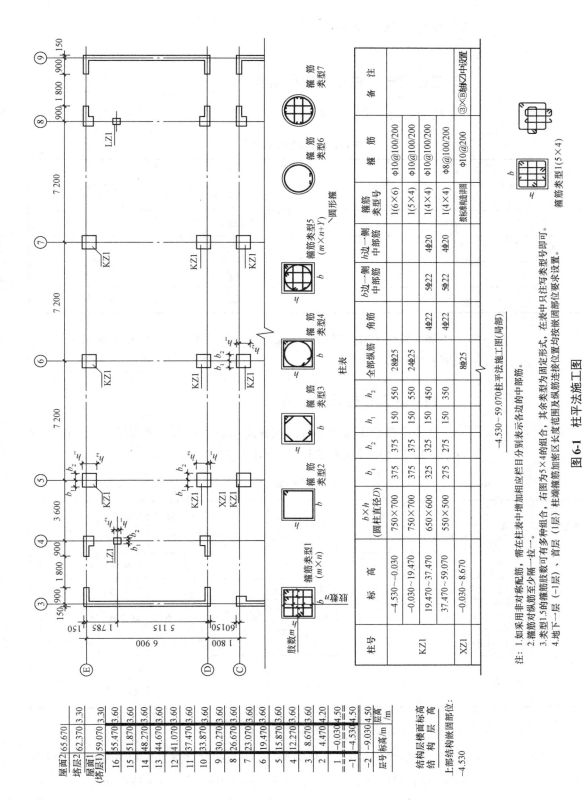

柱表

| 柱号 | 标 高 | $b \times h$<br>(圆柱直径$D$) | $b_1$ | $b_2$ | $h_1$ | $h_2$ | 全部纵筋 | 角筋 | $b$边一侧<br>中部筋 | $h$边一侧<br>中部筋 | 箍筋<br>类型号 | 箍 筋 | 备 注 |
|---|---|---|---|---|---|---|---|---|---|---|---|---|---|
| KZ1 | −4.530~−0.030 | 750×700 | 375 | 375 | 150 | 550 | 28⌀25 | | | | 1(6×6) | Φ10@100/200 | |
| | −0.030~19.470 | 750×700 | 375 | 375 | 150 | 550 | 24⌀25 | | | | 1(5×4) | Φ10@100/200 | |
| | 19.470~37.470 | 650×600 | 325 | 325 | 150 | 450 | | 4⌀22 | 5⌀22 | 4⌀20 | 1(4×4) | Φ10@100/200 | |
| | 37.470~59.070 | 550×500 | 275 | 275 | 150 | 350 | | 4⌀22 | 5⌀22 | 4⌀20 | 1(4×4) | Φ8@100/200 | |
| XZ1 | −0.030~8.670 | | | | | | 8⌀25 | | | | 按标准构造详图 | Φ10@200 | ③×B轴⊂中设置 |

−4.530~59.070柱平法施工图(局部)

**图6-1 柱平法施工图**

注：1. 如采用非对称配筋，需在柱表中增加相应栏目分别表示各配筋。
　　2. 箍筋对纵筋至少隔一拉一。
　　3. 类型1.5的箍筋肢数可有多种组合，右图为5×4的组合，其余类型为固定形式，在表中只注写类型号即可。
　　4. 地下一层(−1层)、首层(1层)柱端箍筋加密区长度范围及纵筋连接位置均按嵌固部位要求设置。柱端箍筋连接及纵筋连接位置均按嵌固部位要求设置。

| 层号 | 标高/m | 层高 |
|---|---|---|
| 屋面2 | 65.670 | |
| 塔层2 | 62.370 | 3.30 |
| 屋面1<br>(塔层1) | 59.070 | 3.30 |
| 16 | 55.470 | 3.60 |
| 15 | 51.870 | 3.60 |
| 14 | 48.270 | 3.60 |
| 13 | 44.670 | 3.60 |
| 12 | 41.070 | 3.60 |
| 11 | 37.470 | 3.60 |
| 10 | 33.870 | 3.60 |
| 9 | 30.270 | 3.60 |
| 8 | 26.670 | 3.60 |
| 7 | 23.070 | 3.60 |
| 6 | 19.470 | 3.60 |
| 5 | 15.870 | 3.60 |
| 4 | 12.270 | 3.60 |
| 3 | 8.670 | 3.60 |
| 2 | 4.470 | 4.20 |
| 1 | −0.030 | 4.50 |
| −1 | −4.530 | 4.50 |
| −2 | −9.030 | 4.50 |
| 层号 | 标高 | 层高 |

结构层楼面标高
结构层高

上部结构嵌固部位：−4.530

## 链接之一：柱的类型及编号

柱的类型及编号见表 6-1。

表 6-1　柱类型及编号

| 柱类型 | 编号 | 序号 |
|---|---|---|
| 框架柱 | KZ | ×× |
| 转换柱 | ZHZ | ×× |
| 芯柱 | XZ | ×× |
| 梁上柱 | LZ | ×× |
| 剪力墙上柱 | QZ | ×× |

**例**：KZ1 其中 KZ 表示框架柱，1 表示序号1，即 KZ1 表示序号为1的框架柱。

## 链接之二：柱表的识读

柱表中会给出每个编号的柱的高度起止范围、截面尺寸、纵向受力钢筋、箍筋类型及间距等信息（表 6-2）。

表 6-2　柱表

| 柱号 | 标高 | $b \times h$（圆柱直径 $l$） | $b_1$ | $b_2$ | $h_1$ | $h_2$ | 全部纵筋 | 角筋 | $b$ 边一侧中部筋 | $h$ 边一侧中部筋 | 箍筋类型号 | 箍筋 |
|---|---|---|---|---|---|---|---|---|---|---|---|---|
| KZ1 | −4.530～−0.030 | 750×700 | 375 | 375 | 150 | 550 | 28Φ25 | | | | 1(6×6) | Φ10@100/200 |
| | −0.030～19.470 | 750×700 | 375 | 375 | 150 | 550 | 24Φ25 | | | | 1(5×4) | Φ10@100/200 |
| | 19.470～37.470 | 650×600 | 325 | 325 | 150 | 450 | | 4Φ22 | 5Φ22 | 4Φ20 | 1(4×4) | Φ10@100/200 |
| | 37.470～59.070 | 550×500 | 275 | 275 | 150 | 350 | | 4Φ22 | 5Φ22 | 4Φ20 | 1(4×4) | Φ8@100/200 |
| XZ1 | −4.530～8.670 | | | | | | 8Φ25 | | | | 按标准构造详图 | Φ10@100 |

柱表中有关钢筋表述的含义如下：

当柱表中只给出"全部纵筋"时，表示全部纵筋沿柱四边平均分配；分别给出角筋、$b$ 边纵筋、$h$ 边纵筋时（图 6-2），表示柱四角各布置1根角筋，$b$ 边纵筋和 $h$ 边纵筋沿两个 $b$ 边和两个 $h$ 边对称布置。"一侧中部筋"是指该侧边除 2 根角筋外，中部布置的纵筋。

如图 6-3 所示，柱表中的 1(4×4)型箍筋实际由三个封闭的钢筋套组成，"4×4"是指柱的 $b$ 向和 $h$ 向均由 4 个箍筋"肢"组成，即所谓 4 肢箍筋。

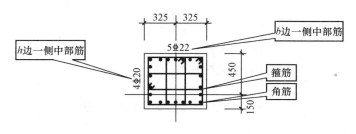

图 6-2　表中有关钢筋表述含义

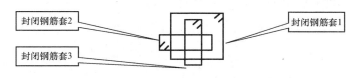

图 6-3　1(4×4)型箍筋的分解示意图

箍筋的间距表达方式：如 $\phi10@100/200$，其含义是用直径为 10 mm 的 HPB300 级钢筋，加密区间距为 100 mm，非加密区间距为 200 mm 布置。当为抗震设计时，用"/"区分柱端箍筋加密区和柱身非加密区范围内箍筋间距的不同。读图者应根据标准构造详图或规范相关规定取值。

### 链接之三：柱截面注写方式的识读

柱平法施工图的截面注写方式是指在分标准层给制的柱平面布置图的柱截面上，分别在同一编号的柱中选择一个截面，以直接注写截面尺寸和配筋具体数值的方式来表达柱平法施工图。

具体方法：首先对柱进行编号，再从同一编号的柱中选择一个截面，按另一种比例原位放大绘制柱截面配筋图，并在各配筋图上注写截面尺寸 $b×h$、四角钢筋或全部纵筋与箍筋的具体数值，以及柱截面与轴线关系 $b_1$、$b_2$、$h_1$、$h_2$ 的具体数值等。

当纵筋采用两种直径时，需再注写截面各边中部筋的具体数值，对于采用对称配筋的矩形截面柱，可仅在截面配筋图的一侧注写中部筋，对称边可省略不注。当柱的分段配筋和截面尺寸均相同，只是柱与轴线关系不同时，可编为同一柱号，但必须在未绘制配筋的柱截面处注写该柱与轴线的关系尺寸。

当截面配筋图中给出"全部纵筋"时，其注写内容的具体含义如图 6-4 所示。

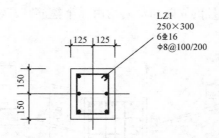

**图 6-4  给出全部截面的注写内容实例**

当截面配筋图中分别给出"角筋"和"侧边中部筋"时，其注写内容的具体含义如图 6-5 所示(实例为对称配筋)。

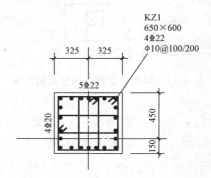

**图 6-5  分别给出角筋和中部筋且对称配筋截面的注写内容实例**

### 课后习题

如图 6-6 所示，已知框架柱 KZ1 为角柱，其截面尺寸为 500 mm×500 mm，纵筋全部采用 12 根直径为 25 mm 的 HRB335 级钢筋，箍筋采用直径为 10 mm 的 HPB300 级钢筋，加密区间距为 100 mm，非加密区间距为 200 mm。

框架柱 KZ2 为边柱，截面尺寸为 500 mm×500 mm，角筋采用 4 根直径为 25 mm 的 HRB335 级钢筋，$b$ 边一侧中部筋采用 2 根直径为 20 mm 的 HRB335 级钢筋，$h$ 边一侧中部筋采用 2 根直径为 20 mm 的 HRB335 级钢筋，箍筋采用直径为 10 mm 的 HPB300 级钢筋，加密区间距为 100 mm，非加密区间距为 200 mm。

根据上述描述，完成图 6-6 对应标注并且完成以下问题。

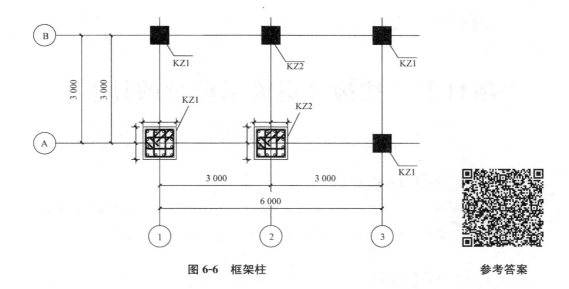

图 6-6　框架柱

参考答案

单根角柱 KZ1 有( )根内侧钢筋, ( )根外侧钢筋。

单根边柱 KZ2 有( )根内侧钢筋, 其中包括( )根直径为25 mm的 HRB335 级钢筋和( )根直径为 20 mm 的 HRB335 级钢筋。

单根边柱 KZ2 有( )根外侧钢筋, 其中包括( )根直径为25 mm 的 HRB335 级钢筋和( )根直径为 20 mm 的 HRB335 级钢筋。

# 项目七 柱构件钢筋工程量的计算

通过计算框架柱钢筋的工程量，了解柱构件钢筋的组成及名称，并掌握柱构件钢筋的计算方法。

计算图 7-1 所示框架柱工程量。

**知识目标：**

框架柱各类钢筋计算方法。

**能力目标：**

能够计算框架柱钢筋工程量。

项目支撑知识链接

**项目简介**

框架柱计算项目

图 7-1 所示为某房屋的顶层结构平面图，已知板厚均为 100 mm，图中所示框架梁梁宽均为 300 mm，梁高见结构楼层信息表。该结构板混凝土强度等级均为 C30，梁混凝土强度等级均为 C30，柱混凝土强度等级均为 C35。该结构基础为独立基础，混凝土强度等级为 C35。所处环境类别为一类，抗震等级为三级，其他相关信息见表 7-1 和表 7-2。

**表 7-1  结构楼层信息表**

| 层号 | 顶标高/m | 层高/m | 梁高/mm |
|------|----------|--------|---------|
| 3 | 11.4 | 3.6 | 该层梁高均为 650 |
| 2 | 7.8 | 3.6 | 该层梁高均为 600 |

| 层号 | 顶标高/m | 层高/m | 梁高/mm |
|---|---|---|---|
| 1 | 4.2 | 4.2 | 该层梁高均为650 |
| 基础 | 基础顶标高均为－1.00 | — | 基础厚度均为600 |

表 7-2　柱表

| 柱号 | 标高 | $b×h$ | $b_1$ | $b_2$ | $h_1$ | $h_2$ | 全部纵筋 | 角筋 | $b$ 边一侧中部筋 | $h$ 边一侧中部筋 |
|---|---|---|---|---|---|---|---|---|---|---|
| KZ1 | －1.00～11.4 | 300×300 | 150 | 150 | 150 | 150 | | 4Φ22 | 2Φ20 | 2Φ20 |
| KZ2 | －1.00～11.4 | 300×300 | 150 | 150 | 150 | 150 | | 4Φ22 | 2Φ18 | 2Φ18 |
| KZ3 | －1.00～11.4 | 300×300 | 150 | 150 | 150 | 150 | 12Φ20 | | | |

| 柱号 | 箍筋型号 | 箍筋 | 箍筋复合形式 |
|---|---|---|---|
| KZ1 | 4×4 | Φ10@100/200 | |
| KZ2 | 4×4 | Φ10@100/200 | |
| KZ3 | 4×4 | Φ10@100/200 | |

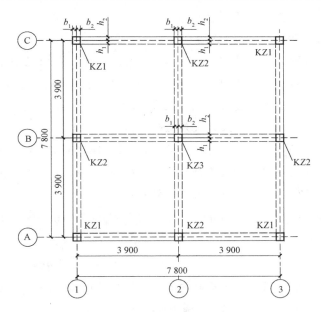

图 7-1　框架柱平法表达图

项目支撑知识链接

## 柱钢筋计算规则

计算思路：柱纵筋工程量＝插入基础的长度＋中间部分长度＋超出顶层梁底长度。

根据 16G101—3 的 66 页及 16G101—1 的 67 页、68 页分析可得：

①柱纵筋插入基础的长度：

$$\begin{cases} h_j \leqslant l_{aE}(l_a)\text{时，}=(h_j-C_{基})+15d \\ h_j > l_{aE}(l_a)\text{时，}=(h_j-C_{基})+\max\{6d，150\ \text{mm}\} \end{cases}$$

其中，$h_j$ 为基础底面及基础顶面的高度、$C_{基}$ 为基础保护层厚度、$d$ 为纵筋直径、$C_{梁}$ 为梁保护层厚度、$C_{柱}$ 为柱保护层厚度、$h_c$ 为柱宽、$h$ 为梁高、$H_n$ 为净层高。

②纵筋中间部分长度＝顶层梁底标高－基础顶标高。

③柱纵筋超出顶层梁底长度。

$$\text{内侧钢筋}\begin{cases} h-C_{梁} \geqslant l_{aE}\text{时，}=h-C_{梁} \\ h-C_{梁} < l_{aE}\text{时，}=h-C_{梁}+12d \end{cases}$$

$$\text{外侧钢筋}\begin{cases} 1.5l_{abE}-(h-C_{梁}) > h_c-C_{柱}\text{ 时，}=1.5l_{abE} \\ 1.5l_{abE}-(h-C_{梁}) \leqslant h_c-C_{柱}\text{ 时，}=(h-C_{梁})+15d \end{cases}$$

**项目实施**

柱钢筋工程量计算过程。

**解：**(1)柱纵筋插入基础的长度：

抗震等级为三级，框架柱的支座独立基础混凝土强度等级为 C35，框架柱纵筋为 HRB335 级，查表 1-10 可得：$l_{aE}=28d$

Φ22 钢筋插入基础的长度：$h_j=0.6$ m，$l_{aE}=28\times0.022=0.616$(m)

$h_j<l_{aE}$，所以插入基础的长度：

$(h_j-C_{基})+15d=(0.6-0.04)+15\times0.022=0.89$(m)

Φ20 钢筋插入基础的长度：$h_j=0.6$ m，$l_{aE}=28\times0.02=0.56$(m)

$h_j>l_{aE}$，所以插入基础的长度：

$$\begin{aligned}(h_j-C_{基})+\max\{6d，150\ \text{mm}\} &= (0.6-0.04)+\max\{6\times0.02，0.15\} \\ &=0.71(\text{m})\end{aligned}$$

Φ18 钢筋插入基础的长度：$h_j=0.6$ m、$l_{aE}=28\times0.018=0.504$(m)

$h_j>l_{aE}$，所以插入基础的长度：

$$\begin{aligned}(h_j-C_{基})+\max\{6d，150\ \text{mm}\} &= (0.6-0.04)+\max\{6\times0.018，0.15\} \\ &=0.56+0.15=0.71(\text{m})\end{aligned}$$

钢筋中间部分长度＝顶层梁底标高－基础顶标高

$=(11.4-0.65)-(-1)=11.75$(m)

(注：KZ2、KZ3 钢筋的中间部分长度也为 11.75 m)

超出顶层梁底长度：

抗震等级为三级，框架柱的混凝土强度等级为 C35，框架柱纵筋为

HRB335 级，查表 1-10 可得：$l_{abE}=28d$

KZ1 纵筋计算：

（2）KZ1 为角柱，通过判断 KZ1 有七根外侧钢筋，五根内侧钢筋。七根外侧钢筋里有三根为 $\Phi22$，四根为 $\Phi20$。五根内侧钢筋里有一根为 $\Phi22$，四根为 $\Phi20$。

KZ1 外侧 $\Phi22$：

因为 $1.5l_{abE}=1.5\times28\times0.022=0.924(m)$

$1.5l_{abE}-(h-C_{梁})=0.924-(0.65-0.02)=0.294(m)$

$h_c-C_{柱}=0.3-0.02=0.28(m)$

$1.5l_{abE}-(h-C_{梁})>h_c-C_{柱}$

所以，外侧 $\Phi22$ 纵筋超出顶层梁底长度为：$1.5l_{abE}=0.924\ m$

KZ1 外侧 $\Phi22$ 的纵筋单根长＝插入基础的长度＋中间部分长度＋
超出顶层梁底长度
$$=0.89+11.75+0.924=13.564(m)$$

每个 KZ1 外侧 $\Phi22$ 的纵筋总长：$13.564\times3=40.692(m)$

四个 KZ1 外侧 $\Phi22$ 的纵筋总长：$40.692\times4=162.768(m)$

KZ1 外侧 $\Phi20$：

因为 $1.5l_{abE}=1.5\times28\times0.02=0.84(m)$

$1.5l_{abE}-(h-C_{梁})=0.84-(0.65-0.02)=0.21(m)$

$h_c-C_{柱}=0.3-0.02=0.28(m)$

$1.5l_{abE}-(h-C_{梁})=0.21(m)<h_c-C_{柱}=0.3-0.02=0.28(m)$

所以，KZ1 外侧 $\Phi20$ 纵筋超出顶层梁底长度 $=(h-C_{梁})+15d=$
$(0.65-0.02)+15\times0.02=0.93(m)$

KZ1 外侧 $\Phi20$ 的纵筋单根长＝插入基础的长度＋中间部分长度＋
超出顶层梁底长度
$$=0.71+11.75+0.93=13.39(m)$$

每个 KZ1 外侧 $\Phi20$ 的纵筋总长：$13.39\times4=53.56(m)$

四个 KZ1 外侧 $\Phi20$ 的纵筋总长：$53.56\times4=214.24(m)$

KZ1 内侧 $\Phi22$ 超出顶层梁底长度：

$h-C_{梁}=0.65-0.02=0.63(m)$

$l_{aE}=28d=28\times0.022=0.616(m)$

因为 $h-C_{梁}>l_{aE}$

所以，KZ1 内侧 $\Phi22$ 超出顶层梁底长度 $=h-C_{梁}=0.65-0.02=$
$0.63(m)$

KZ1 内侧 $\Phi22$ 的纵筋单根长＝插入基础的长度＋中间部分长度＋
超出顶层梁底长度

$$=0.89+11.75+0.63=13.27(m)$$

每个 KZ1 内侧 $\underline{\Phi}22$ 的纵筋总长：$13.27\times1=13.27(m)$

四个 KZ1 内侧 $\underline{\Phi}22$ 的纵筋总长：$13.27\times4=53.08(m)$

KZ1 内侧 $\underline{\Phi}20$ 超出顶层梁底长度：

因为：$h-C_{梁}=0.65-0.02=0.63(m)$

$l_{aE}=28d=28\times0.02=0.56(m)$

$h-C_{梁}>l_{aE}$

所以，KZ1 内侧 $\underline{\Phi}20$ 超出顶层梁底长度$=h-C_{梁}=0.63(m)$

KZ1 内侧 $\underline{\Phi}20$ 的纵筋单根长$=$插入基础的长度$+$中间部分长度$+$

超出顶层梁底长度

$$=0.71+11.75+0.63=13.09(m)$$

每个 KZ1 内侧 $\underline{\Phi}20$ 的纵筋总长：$13.09\times4=52.36(m)$

四个 KZ1 内侧 $\underline{\Phi}20$ 的纵筋总长：$52.36\times4=209.44(m)$

(3) KZ2 纵筋计算：

KZ2 为边柱，通过判断 KZ2 有四根外侧钢筋，8 根内侧钢筋。4 根外侧钢筋里有 2 根为 $\underline{\Phi}22$ 钢筋，2 根为 $\underline{\Phi}18$ 钢筋。8 根内侧钢筋里有 2 根为 $\underline{\Phi}22$ 钢筋，6 根为 $\underline{\Phi}18$ 钢筋。

KZ2 外侧 $\underline{\Phi}22$ 超出顶层梁底长度：

由于基础厚度均为 600 mm，顶层梁高均为 650 mm，所以，KZ2 外侧 $\underline{\Phi}22$ 的纵筋单根长$=$KZ1 外侧 $\underline{\Phi}22$ 的纵筋单根长$=13.564$ m。

每个 KZ2 外侧 $\underline{\Phi}22$ 的纵筋总长：$13.564\times2=27.128(m)$

四个 KZ2 外侧 $\underline{\Phi}22$ 的纵筋总长：$27.128\times4=108.512(m)$

KZ2 外侧 $\underline{\Phi}18$ 超出顶层梁底长度：

因为 $1.5l_{abE}=1.5\times28\times0.018=0.756(m)$

$1.5l_{abE}-(h-C_{梁})=0.756-(0.65-0.02)=0.126(m)$

$h_c-C_{柱}=0.3-0.02=0.28(m)$

$1.5l_{abE}-(h-C_{梁})=0.126$ m$<h_c-C_{柱}=0.3-0.02=0.28(m)$

所以，KZ2 外侧 $\underline{\Phi}18$ 超出顶层梁底长度$=(h-C_{梁})+15d=(0.65-0.02)+15\times0.018=0.9(m)$

KZ2 外侧 $\underline{\Phi}18$ 的纵筋单根长$=$插入基础的长度$+$中间部分长度$+$

超出顶层梁底长度

$$=0.71+11.75+0.9=13.36(m)$$

每个 KZ2 外侧 $\underline{\Phi}18$ 的纵筋总长：$13.36\times2=26.72(m)$

四个 KZ2 外侧 $\underline{\Phi}18$ 的纵筋总长：$26.72\times4=106.88(m)$

KZ2 内侧 $\underline{\Phi}22$：

由于基础厚度均为 600 mm，顶层梁高均为 650 mm，所以 KZ2 内侧

$\Phi 22$ 的纵筋单根长＝KZ1 内侧 $\Phi 22$ 的纵筋单根长＝13.27 m。

　　每个 KZ2 内侧 $\Phi 22$ 的纵筋总长 13.27×2＝26.54(m)

　　四个 KZ2 内侧 $\Phi 22$ 的纵筋总长 26.54×4＝106.16(m)

KZ2 内侧 $\Phi 18$：

因为：$h-C_梁＝0.65-0.02＝0.63$(m)

$l_{aE}＝28d＝28×0.018＝0.504$(m)

$h-C_梁>l_{aE}$

　　所以，KZ2 中内侧 $\Phi 18$ 纵筋超出顶层梁底长度＝$h-C_梁＝0.63$(m)

KZ2 内侧 $\Phi 18$ 的纵筋单根长＝插入基础的长度＋中间部分长度＋超

出顶层梁底长度

＝0.71＋11.75＋0.63＝13.09(m)

　　每个 KZ2 内侧 $\Phi 18$ 的纵筋总长 13.09×6＝78.54(m)

　　四个 KZ2 内侧 $\Phi 18$ 的纵筋总长 78.54×4＝314.16(m)

(4)KZ3 纵筋计算：

KZ3 为中柱，每个 KZ3 有 12 根 $\Phi 20$ 内侧钢筋。

KZ3 内侧 $\Phi 20$ 的纵筋单根长＝KZ1 内侧 $\Phi 20$ 的纵筋单根长＝13.09 m。

KZ3 共一个，其总长为 13.09×12×1＝157.08(m)。

各柱纵筋汇总见表 7-3。

表 7-3　各柱纵筋汇总表

| 构件名称 | 钢筋属性 | 钢筋等级及直径 | 单根长/m | 根数 | 构件数 | 总长/m |
|---|---|---|---|---|---|---|
| KZ1 | 外侧 | $\Phi 22$ | 13.564 | 3 | 4 | 162.768 |
| | | $\Phi 20$ | 13.39 | 4 | 4 | 214.24 |
| | 内侧 | $\Phi 22$ | 13.27 | 1 | 4 | 53.08 |
| | | $\Phi 20$ | 13.09 | 4 | 4 | 209.44 |
| KZ2 | 外侧 | $\Phi 22$ | 13.564 | 2 | 4 | 108.512 |
| | | $\Phi 18$ | 13.36 | 2 | 4 | 106.88 |
| | 内侧 | $\Phi 22$ | 13.27 | 2 | 4 | 106.16 |
| | | $\Phi 18$ | 13.09 | 6 | 4 | 314.16 |
| KZ3 | 内侧 | $\Phi 20$ | 13.09 | 12 | 1 | 157.08 |

(5)箍筋计算：

大双肢箍单根长＝构件周长－8×保护层厚度＋2×1.9$d$＋2×

max{10$d$，75 mm}

＝0.3×4－8×0.02＋2×1.9×0.01＋2×max{10

$$\times 0.01, \ 0.075 \ \text{m}\}$$
$$= 1.278(\text{m})$$

KZ1 小双肢箍单根长 $= [(b - 2 \times$ 保护层厚度 $- 2 \times$ 大箍筋直径 $-$ 角筋直径$) \times \dfrac{1}{3} +$ 边侧筋直径 $+$ 小箍筋直径 $\times 2 + (h - 2 \times$ 保护层厚度$)] \times 2 + 2 \times 1.9d + 2 \times \max\{10d, \ 75 \ \text{mm}\}$

$$= [(0.3 - 0.02 \times 2 - 0.01 \times 2 - 0.022) \times \dfrac{1}{3} + 0.02 + 0.01 \times 2 + (0.3 - 0.02 \times 2)] \times 2 + 2 \times 11.9 \times 0.01 = 0.983(\text{m})$$

KZ2 小双肢箍单根长 $= [(b - 2 \times$ 保护层厚度 $- 2 \times$ 大箍筋直径 $-$ 角筋直径$) \times \dfrac{1}{3} +$ 边侧筋直径 $+ 2 \times$ 小箍筋直径 $+ (h - 2 \times$ 保护层厚度$)] \times 2 + 2 \times 1.9d + 2 \times \max\{10d, \ 75 \ \text{mm}\}$

$$= [(0.3 - 0.02 \times 2 - 0.01 \times 2 - 0.022) \times \dfrac{1}{3} + 0.018 + 0.01 \times 2 + (0.3 - 0.02 \times 2)] \times 2 + 2 \times 11.9 \times 0.01 = 0.979(\text{m})$$

KZ3 小双肢箍单根长 $= [(b - 2 \times$ 保护层厚度 $- 2 \times$ 大箍筋直径 $-$ 角筋直径$) \times \dfrac{1}{3} +$ 边侧筋直径 $+ 2 \times$ 小箍筋直径 $+ (h - 2 \times$ 保护层厚度$)] \times 2 + 2 \times 1.9d + 2 \times \max\{10d, \ 75 \ \text{mm}\}$

$$= [(0.3 - 0.02 \times 2 - 0.01 \times 2 - 0.02) \times \dfrac{1}{3} + 0.02 + 0.01 \times 2 + (0.3 - 0.02 \times 2)] \times 2 + 2 \times 11.9 \times 0.01 = 0.985(\text{m})$$

KZ1 复合箍筋单根长：$1.278 + 0.983 \times 2 = 3.244(\text{m})$

KZ2 复合箍筋单根长：$1.278 + 0.979 \times 2 = 3.236(\text{m})$

KZ3 复合箍筋单根长：$1.278 + 0.985 \times 2 = 3.248(\text{m})$

复合箍筋个数：

基础加密区范围：$\dfrac{H_n}{3}$；梁两侧加密区范围：$\max\{500 \ \text{mm}、\dfrac{H_n}{6}、$ 柱长边尺寸$\}$

柱根部加密区范围：$(5.2 - 0.65) \times \dfrac{1}{3} = 1.517(\text{m})$

一层 650 mm 梁下侧加密区范围：$\max\left\{\dfrac{5.2-0.65}{6},\ 0.5,\ 0.3\right\}$，取 0.758 m

一层 650 mm 梁上侧加密区范围：$\max\left\{\dfrac{3.6-0.6}{6},\ 0.5,\ 0.3\right\}$，取 0.5 m

二层 600 mm 梁下侧加密区范围：$\max\left\{\dfrac{3.6-0.6}{6},\ 0.5,\ 0.3\right\}$，取 0.5 m

二层 600 mm 梁上侧加密区范围：$\max\left\{\dfrac{3.6-0.65}{6},\ 0.5,\ 0.3\right\}$，取 0.5 m

三层 650 mm 梁下侧加密区范围：$\max\left\{\dfrac{3.6-0.65}{6},\ 0.5,\ 0.3\right\}$，取 0.5 m

柱根部加密区根数：$(1.517-0.05)\div0.1+1=15.67$（个），取 16 个。

首层加密区：$(0.758+0.65+0.5)\div0.1+1=20.08$（个），取 21 个。

首层非加密区：$(5.2-0.758-0.65-1.517)\div0.2-1=10.375$（个），取 11 个。

二层加密区：$(0.5+0.6+0.5)\div0.1+1=17$（个）

二层非加密区：$(3.6-0.6-0.5-0.5)\div0.2-1=9$（个）

三层加密区：$(0.65+0.5-0.05)\div0.1+1=12$（个）

三层非加密区：$(3.6-0.65-0.5-0.5)\div0.2-1=8.75$（个），取 9 个。

一根柱子共有 $16+21+11+17+9+12+9=95$（个）。

KZ1 共有复合箍 $95\times4=380$（个）

KZ2 共有复合箍 $95\times4=380$（个）

KZ3 共有复合箍 $95\times1=95$（个）

KZ1 复合箍筋总长：$3.244\times380=1\,232.72$（m）

KZ2 复合箍筋总长：$3.236\times380=1\,229.68$（m）

KZ3 复合箍筋总长：$3.248\times95=308.56$（m）

## ▷ 课后习题

已知 KZ1 是角柱，截面尺寸为 600 mm×600 mm，箍筋 $\Phi8@100/200$，4×4 型号，

角筋为 4Φ25，$b$ 边一侧中部筋 2Φ22，$h$ 边一侧中部筋 2Φ22。KZ2 是边柱，截面尺寸为 600 mm×600 mm，箍筋 Φ8@100/200，4×4 型号，角筋为 4Φ22，$b$ 边一侧中部筋 2Φ20，$h$ 边一侧中部筋 2Φ20。KZ3 是中柱，截面尺寸为 600 mm×600 mm，箍筋 Φ8@100/200，4×4 型号，全部纵筋为 12Φ22。楼层板厚均为 100 mm，板混凝土强度等级为 C30，梁、柱和基础混凝土强度等级均为 C35，抗震等级为三级。相关信息见表 7-4。计算所有钢筋的长度。

参考答案

表 7-4　楼层信息表

| 层号 | 顶标高/m | 层高/m | 梁高/mm |
|---|---|---|---|
| 3 | 11.1 | 3.6 | 该层梁高均为 650 |
| 2 | 7.5 | 3.6 | 该层梁高均为 600 |
| 1 | 3.9 | 3.9 | 该层梁高均为 600 |
| 基础 | −1.2 | — | 基础厚度均为 600 |

# 项目八　基础构件钢筋的识读

项目描述

通过识读基础构件平法表达图，掌握基础构件平法施工图制图规则。

**任务描述**

识读16G101—3的18页、27页基础平法施工图(图8-1和图8-2)，掌握基础构件钢筋名称。

**拟达到的教学目标**

**知识目标：**

1. 基础构件的类型；

2. 基础构件的代号；

3. 基础构件的平法表达方法。

**能力目标：**

能够识读基础平法施工图。

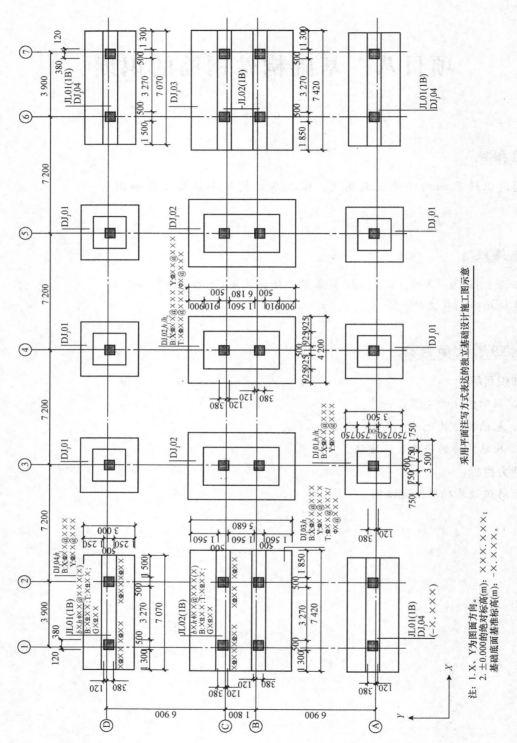

采用平面注写方式表达的独立基础设计施工图示意

图 8-1 独立基础设计施工图

注：1. X、Y 为图面方向。
2. ±0.000 的绝对标高(m)：×××.×××；
基础底面基准标高(m)：-×.×××。

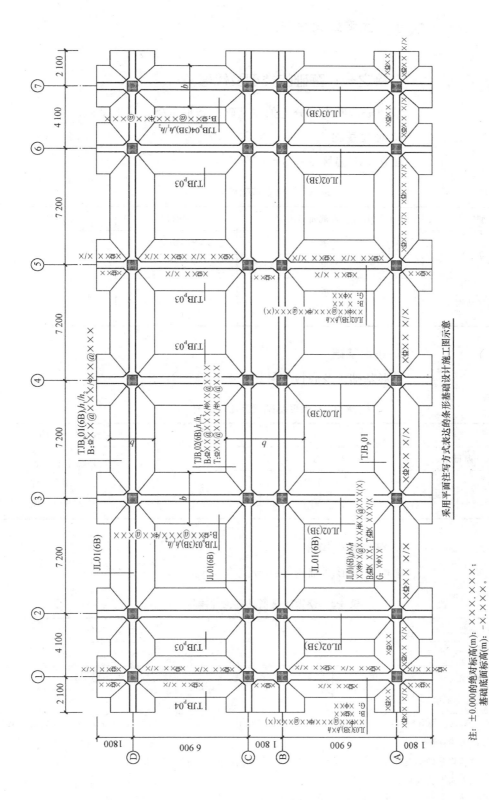

采用平面注写方式表达的条形基础设计施工图示意

**图 8-2 条形基础设计施工图**

注：±0.000的绝对标高(m)：×××．×××；
　　基础底面标高(m)：−×．×××。

## 链接之一：基础的类型及代号

基础按其形式可分为独立基础、条形基础、筏形基础。

### 1. 独立基础

独立基础编号见表 8-1。

表 8-1　独立基础编号

| 类型 | 基础底板截面形状 | 代号 | 序号 |
|---|---|---|---|
| 普通独立基础 | 阶形 | $DJ_J$ | ×× |
| | 坡形 | $DJ_P$ | ×× |
| 杯口独立基础 | 阶形 | $BJ_J$ | ×× |
| | 坡形 | $BJ_P$ | ×× |

### 2. 条形基础

条形基础梁及底板编号见表 8-2。

表 8-2　条形基础梁及底板编号

| 类型 | | 代号 | 序号 | 跨数及有无外伸 |
|---|---|---|---|---|
| 基础梁 | | JL | ×× | （××）端部无外伸 |
| 条形基础 底板 | 坡形 | $TJB_P$ | ×× | （××A）一端有外伸 |
| | 阶形 | $TJB_J$ | ×× | （××B）两端有外伸 |

### 3. 筏形基础构件

梁板式筏形基础构件编号见表 8-3。

表 8-3　梁板式筏形基础构件编号

| 构件类型 | 代号 | 序号 | 跨数及有无外伸 |
|---|---|---|---|
| 基础主梁（柱下） | JL | ×× | （××）或（××A）或（××B） |
| 基础次梁 | JCL | ×× | （××）或（××A）或（××B） |
| 梁板式筏形基础平板 | LPB | ×× | |

注：1. （××A）为一端有外伸，（××B）为两端有外伸，外伸不计入跨数。例如，JL7（5B）表示第 7 号基础主梁，

　　　5 跨，两端有外伸。

　　2. 梁板式筏形基础平板跨数及是否有外伸分别在 X、Y 两向的贯通纵筋之后表达。

　　　图面从左至右为 X 向，从下至上为 Y 向。

　　3. 梁板式筏形基础主梁与条形基础梁编号与标准构造详图一致。

## 链接之二：独立基础的平面注写方式

(1)独立基础的平面注写方式，分为集中标注和原位标注两部分内容。

(2)普通独立基础和杯口独立基础的集中标注，是在基础平面图上集中标注：基础编号、截面竖向尺寸、配筋三项必注内容，以及基础底面标高(与基础底面基准标高不同时)和必要的文字注解两项选注内容。

独立基础集中标注的具体内容，规定如下：

1)注写独立基础编号(必注内容)，见表 8-1。

独立基础底板的截面形状通常有两种：

阶形截面编号加下标"J"，如 $DJ_J \times \times$、$BJ_J \times \times$；

坡形截面编号加下标"P"，如 $DJ_P \times \times$、$BJ_P \times \times$。

2)注写独立基础截面竖向尺寸(必注内容)。普通独立基础。注写 $h_1/h_2/\cdots\cdots$，具体标注为：

①当基础为阶形截面时，如图 8-3 所示。

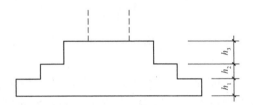

**图 8-3 阶形截面普通独立基础竖向尺寸**

**例**：当阶形截面普通独立基础 $DJ_J \times \times$ 的竖向尺寸注写为 400/300/300 时，表示 $h_1 = 400$ mm、$h_2 = 300$ mm、$h_3 = 300$ mm，基础底板总厚度为 1 000 mm。

②当基础为坡形截面时，注写为 $h_1/h_2$，如图 8-4 所示。

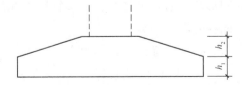

**图 8-4 坡形截面普通独立基础竖向尺寸**

**例**：当坡形截面普通独立基础 $DJ_P \times \times$ 的竖向尺寸注写为 350/300 时，表示 $h_1 = 350$ mm、$h_2 = 300$ mm，基础底板总厚度为 650 mm。

3)注写独立基础配筋(必注内容)。注写独立基础底板配筋。普通独立基础和杯口独立基础的底部双向配筋注写规定如下：

①以 B 代表各种独立基础底板的底部配筋。

②X 向配筋以 X 打头、Y 向配筋以 Y 打头注写；当两向配筋相同时，则以 X&Y 打头注写。

例：当独立基础底板配筋标注为：B：X $\Phi$16@150，Y$\Phi$16@200。表示基础底板底部配置 HRB400 级钢筋，X 向直径为 16 mm，分布间距为 150 mm；Y 向直径为 16 mm，分布间距为 200 mm。如图 8-5 所示。

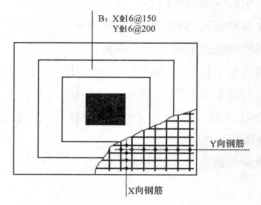

图 8-5　独立基础底板底部双向配筋示意

4)注写基础底面标高(选注内容)。当独立基础的底面标高与基础底面基准标高不同时，应将独立基础底面标高直接注写在"(　　)"内。

5)必要的文字注解(选注内容)。当独立基础的设计有特殊要求时，宜增加必要的文字注解。例如，基础底板配筋长度是否采用减短方式等，可在该项内注明。

(3)钢筋混凝土和素混凝土独立基础的原位标注，是在基础平面布置图上标注独立基础的平面尺寸。对相同编号的基础，可选择一个进行原位标注；当平面图形较小时，可将所选定进行原位标注的基础按比例适当放大；其他相同编号者仅注编号。

对于普通独立基础，原位标注的具体内容规定如下：

原位标注 $x$、$y$、$x_c$、$y_c$(或圆柱直径 $d_c$)，$x_i$、$y_i$，$i=1$，2，3…。其中，$x$、$y$ 为普通独立基础两向边长，$x_c$、$y_c$ 为柱截面尺寸，$x_i$、$y_i$ 为阶宽或坡形平面尺寸。

对称阶形截面普通独立基础的原位标注，如图 8-6 所示；非对称阶形截面普通独立基础的原位标注，如图 8-7 所示。

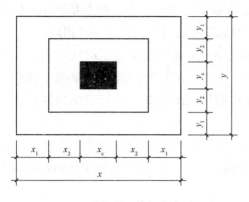

**图 8-6　对称阶形截面普通独立
基础的原位标注**

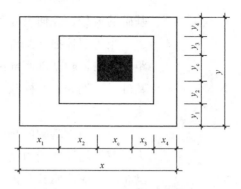

**图 8-7　非对称阶形截面普通独立
基础的原位标注**

对称坡形截面普通独立基础的原位标注，如图 8-8 所示；非对称坡
形截面普通独立基础的原位标注，如图 8-9 所示。

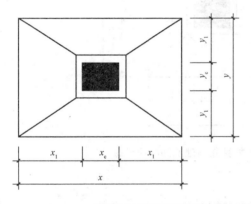

**图 8-8　对称坡形截面普通独立
基础的原位标注**

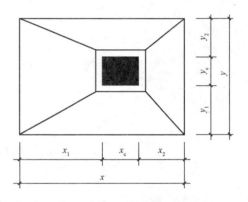

**图 8-9　非对称坡形截面普通独立
基础的原位标注**

（4）普通独立基础采用平面注写方式的集中标注和原位标注综合设计表
达示意，如图 8-10 所示。

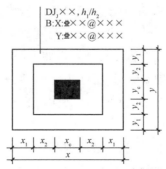

**图 8-10　普通独立基础平面注写方式设计表达示意**

(5)独立基础通常为单柱独立基础，也可为多柱独立基础。多柱独立基础的编号、几何尺寸和配筋的标注方法与单柱独立基础相同。

当为双柱独立基础且柱距较小时，通常仅配置基础底部钢筋；当柱距较大时，除基础底部配筋外，还需在两柱间配置基础顶部钢筋或设置基础梁。例如，双柱独立基础在两柱间配置基础底板顶部钢筋的注写方法规定如下：

双柱独立基础的顶部钢筋，通常对称分布在双柱中心线两侧，注写为：双柱间纵向受力钢筋/分布钢筋。当纵向受力钢筋在基础底板顶面非满布时，应注明其总根数。

**例**：T：11$\Phi$18@100/$\phi$10@200；表示独立基础顶部配置纵向受力钢筋 HRB400 级，直径为 18 mm，设置 11 根，间距为 100 mm；分布筋 HPB300 级，直径为 10 mm，分部间距为 200 mm。如图 8-11 所示。

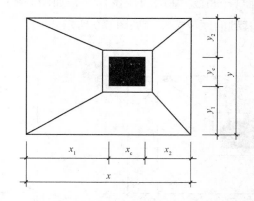

**图 8-11　双柱独立基础顶部配筋示意**


## 链接之三：条形基础的平面注写方式

### 1. 基础梁的平面注写方式

(1)基础梁 JL 的平面注写方式，分为集中标注和原位标注两部分内容。

(2)基础梁的集中标注内容为：基础梁编号、截面尺寸、配筋三项必注内容，以及基础梁底面标高(与基础底面基准标高不同时)和必要的文字注解两项选注内容。具体规定如下：

1)注写基础梁编号(必注内容)，见表 8-2。

2)注写基础梁截面尺寸(必注内容)。注写 $b \times h$，表示梁截面宽度与高度。

3)注写基础梁配筋(必注内容)。

①注写基础梁箍筋：

当具体设计仅采用一种箍筋间距时，注写钢筋级别、直径、间距与肢数（箍筋肢数写在括号内，下同）。

当具体设计采用两种箍筋时，用"/"分隔不同箍筋，按照从基础梁两端向跨中的顺序注写。先注写第一段箍筋（在前面加注箍筋道数），在斜线后再注写第 2 段箍筋（不再加注箍筋道数）。

例：9$\Phi$16@100/$\Phi$16@200(6)，表示配置两种 HRB400 级箍筋，直径为 16 mm，从梁两端起向跨内按间距 100 mm 设置 9 道，梁其余部位的间距为 200 mm，均为 6 肢箍。

②注写基础梁底部、顶部及侧面纵向钢筋：

以 B 打头，注写梁底部贯通纵筋。

以 T 打头，注写梁顶部贯通纵筋。注写时用分号";"将底部与顶部贯通纵筋分隔开。

当梁底部或顶部贯通纵筋多于一排时，用"/"将各排纵筋自上而下分开。

例：B：4$\Phi$25；T：12$\Phi$25 7/5，表示梁底部配置贯通纵筋为 4$\Phi$25；梁顶部配置贯通纵筋上一排为 7$\Phi$25，下一排为 5$\Phi$25，共 12$\Phi$25。

以大写字母 G 打头注写梁两侧面对称设置的纵向构造钢筋的总配筋值（当梁腹板净高 $h_w$ 不小于 450 mm 时，根据需要配置）。

例：G8$\Phi$14，表示梁每个侧面配置纵向构造钢筋 4$\Phi$14，共配置 8$\Phi$14。

4）注写基础梁底面标高（选注内容）。当条形基础的底面标高与基础底面基准标高不同时，将条形基础底面标高注写在"（    ）"内。

5）必要的文字注解（选注内容）。当基础梁的设计有特殊要求时，宜增加必要的文字注解。

（3）基础梁 JL 的原位标注规定如下：

1）当梁端或梁在柱下区域的底部纵筋多于一排时，用"/"将各排纵筋自上而下分开。

2）当同排纵筋有两种直径时，用"＋"将两种直径的纵筋相连。

3）当梁中间支座或梁在柱下区域两边的底部纵筋配置不同时，需在支座两边分别标注；当梁中间支座两边的底部纵筋相同时，可仅在支座的一边标注。

4）当梁端（柱下）区域的底部全部纵筋与集中注写过的底部贯通纵筋相同时，可不再重复做原位标注。

**2. 条形基础底板的平面注写方式**

（1）条形基础底板 TJB$_P$、TJB$_J$ 的平面注写方式，分为集中标注和原位标注两部分内容。

（2）条形基础底板的集中标注内容包括：条形基础底板编号、截面竖向尺寸、配筋三项必注内容，以及条形基础底板底面标高（与基础底面基准标高不同时）、必要的文字注解两项选注内容。

1）注写条形基础底板编号（必注内容），见表8-2。

2）注写条形基础底板截面竖向尺寸（必注内容）。注写 $h_1/h_2/\cdots$，具体标注为：当条形基础底板为坡形截面时，注写为 $h_1/h_2$，如图 8-12 所示。

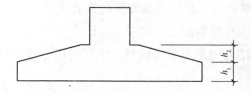

图 8-12　条形基础底板坡形截面竖向尺寸

**例**：当条形基础底板为坡形截面 $TJB_P \times \times$，其截面竖向尺寸注写为 300/250 时，表示 $h_1 = 300$ mm、$h_2 = 250$ mm，基础底板根部总厚度为 550 mm。

当条形基础底板为阶形截面时，如图 8-13 所示。

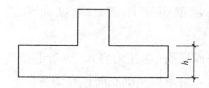

图 8-13　条形基础底板阶形截面竖向尺寸

**例**：当条形基础底面为阶形截面 $TJB_J \times \times$，其截面竖向尺寸注写为 300 时，表示 $h_1 = 300$ mm，其底板总厚度为 300 mm。

上例为单阶的情况，当为多阶时各阶尺寸由下而上以"/"分隔顺写。

3）注写条形基础底板底部及顶部配筋（必注内容）。以 B 打头，注写条形基础底板底部的横向受力钢筋；以 T 打头，注写条形基础底板顶部的横向受力钢筋；注写时，用"/"分隔条形基础底板的横向受力钢筋与构造钢筋，如图 8-12 所示。

**例**：当条形基础底板配筋标注为：B：$\Phi14@150/\Phi8@250$；表示条形基础底板底部配置 HRB400 级横向受力钢筋，直径为 14 mm，分布间距为 150 mm；配置 HPB300 级构造钢筋，直径为 8 mm，分布间距为 250 mm。如图 8-14 所示。

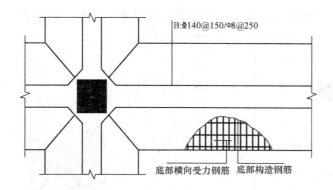

图 8-14 条形基础底板底部配筋示意

4) 注写条形基础底板底面标高 (选注内容)。当条形基础底板的底面标高与条形基础底面基准标高不同时，应将条形基础底板底面标高注写在"（　　　）"内。

5) 必要的文字注解 (选注内容)。当条形基础底板有特殊要求时，应增加必要的文字注解。

(3) 原位标注。原位注写条形基础底板的平面尺寸。原位标注 $b$、$b_i$，$i=1$，2，…。其中，$b$ 为基础底板总宽度，$b_i$ 为基础底板台阶的宽度。当基础底板采用对称于基础梁的坡形截面或单阶性截面时，$b_i$ 可不注，如图 8-15 所示。

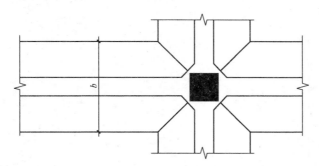

图 8-15 条形基础底板平面尺寸原位标注

➤ 课后习题

如图 8-14 所示，已知一阶形独立基础 $DJ_J01$，两阶高度均为 300 mm，其底部 X 向受力筋采用直径为 16 mm，间距为 150 mm 的 HRB335 级钢筋，Y 向分布筋采用直径为 16 mm、间距为 150 mm 的 HRB335 级钢筋；其顶部 X 向受力筋采用直径为 14 mm、间距为 180 mm 的 HRB335 级钢筋，Y 向分布筋采用直径为 12 mm、间距为 180 mm 的 HRB335 级钢筋。

根据上述描述，完成图 8-16 对应的标注，画出其断面图并注明其钢筋信息。

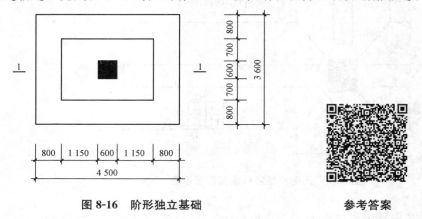

图 8-16　阶形独立基础

参考答案

# 项目九 基础构件钢筋工程量的计算

通过计算独立基础和条形基础钢筋的工程量，了解基础构件钢筋的组成及名称，并掌握基础构件钢筋的计算方法。

计算图 9-1、图 9-2、图 9-3、图 9-4 所示的基础工程量。

知识目标：

独立基础和条形基础钢筋的计算方法。

能力目标：

能够计算独立基础和条形基础的钢筋工程量。

项目支撑知识链接

## 一、独立基础计算项目

### 项目简介

(1)独立基础项目一。图 9-1 所示为某二阶对称单柱独立基础平面图，其基础混凝土强度等级为 C35。一类环境，抗震等级为三级，其他相关信息如图 9-1 所示。

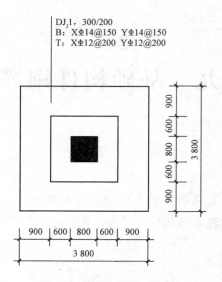

DJ<sub>J</sub>1，300/200
B：X⌀14@150　Y⌀14@150
T：X⌀12@200　Y⌀12@200

900　600　800　600　900
3 800

900
600
800
600
900
3 800

**图 9-1　单柱对称独立基础**

(2)独立基础项目二。图 9-2 所示为某二阶非对称单柱独立基础的平面图，其基础混凝土强度等级为 C35。一类环境，抗震等级为三级，其他相关信息如图 9-2 所示。

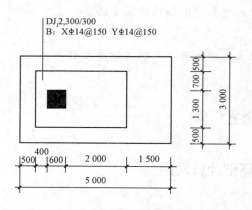

DJ<sub>J</sub>2,300/300
B：X⌀14@150　Y⌀14@150

500
700
1 300
500
3 000

400
500　600　2 000　1 500
5 000

**图 9-2　单柱非对称独立基础**

(3)独立基础项目三。图 9-3 所示为某二阶对称双柱独立基础结构平面图，基础混凝土强度等级为 C35。一类环境，抗震等级为三级，其他相关信息如图 9-3 所示。

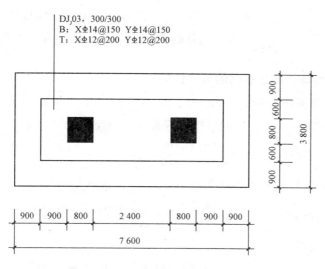

DJ₀3，300/300
B：X⟐14@150 Y⟐14@150
T：X⟐12@200 Y⟐12@200

**图 9-3 双柱对称独立基础**

## 链接之一：独立基础钢筋计算规则

### 1. 对称单柱独立基础的底筋计算

（1）当底板长＜2 500 mm 时：

X 方向单根长＝X 方向基础底板长－2×基础保护层厚度

$$X 方向根数 = \frac{Y 方向基础底板长 - 2 \times \min\{75\ mm, S/2\}}{S} + 1$$

Y 方向单根长＝Y 方向基础底板长－2×基础保护层厚度

$$Y 方向根数 = \frac{X 方向基础底板长 - 2 \times \min\{75\ mm, S/2\}}{S} + 1$$

（注：S 是指计算哪个方向的钢筋就指哪个方向的钢筋间距）

（2）当底板长≥2 500 mm 时：

$$X 方向外围 \begin{cases} 外围 2 根钢筋的单根长 = X 方向基础底板长 - 2 \times \\ \qquad\qquad\qquad 基础保护层厚度 \\ 外围根数：2 根 \end{cases}$$

$$X 方向内边 \begin{cases} 内边钢筋的单根长 = 0.9 \times X 方向基础底板长 \\ 根数 = \frac{Y 方向基础底板长 - 2 \times \min\{75\ mm, S/2\}}{S} + 1 - 2 \end{cases}$$

$$Y 方向外围 \begin{cases} 外围 2 根钢筋的单根长 = Y 方向基础底板长 - \\ \qquad\qquad\qquad 2 \times 基础保护层厚度 \\ 外围根数：2 根 \end{cases}$$

$$Y方向内边 \begin{cases} 内边钢筋的单根长 = 0.9 \times Y方向基础底板长 \\ 根数 = \dfrac{X方向基础底板长 - 2 \times \min\{75\ mm,\ S/2\}}{S} + 1 - 2 \end{cases}$$

**2. 对称单柱独立基础的顶筋计算**

(1)当顶板长<2 500 mm时：

X方向单根长=X方向基础顶板长－2×基础保护层厚度

$$X方向根数 = \dfrac{Y方向基础顶板长 - 2 \times \min\{75\ mm,\ S/2\}}{S} + 1$$

Y方向单根长=Y方向基础顶板长－2×基础保护层厚度

$$Y方向根数 = \dfrac{X方向基础顶板长 - 2 \times \min\{75\ mm,\ S/2\}}{S} + 1$$

(2)当顶板长≥2 500 mm时：

$$X方向外围 \begin{cases} 外围2根钢筋的单根长 = X方向基础顶板长 - \\ \qquad\qquad\qquad\qquad 2 \times 基础保护层厚度 \\ 外围根数：2根 \end{cases}$$

$$X方向内边 \begin{cases} 内边钢筋的单根长 = 0.9 \times X方向基础顶板长 \\ 根数 = \dfrac{Y方向基础顶板长 - 2 \times \min\{75\ mm,\ S/2\}}{S} + 1 - 2 \end{cases}$$

$$Y方向外围 \begin{cases} 外围2根钢筋的单根长 = Y方向基础顶板长 - \\ \qquad\qquad\qquad\qquad 2 \times 基础保护层厚度 \\ 外围根数：2根 \end{cases}$$

$$Y方向内边 \begin{cases} 内边钢筋的单根长 = 0.9 \times Y方向基础顶板长 \\ 根数 = \dfrac{X方向基础顶板长 - 2 \times \min\{75\ mm,\ S/2\}}{S} + 1 - 2 \end{cases}$$

**3. 非对称单柱独立基础的底筋计算**

(1)当底板长<2 500 mm时：

1)非对称方向：

非对称方向单根长=非对称方向基础底板长－2×基础保护层厚度

$$非对称方向根数 = \dfrac{对称方向基础底板长 - 2 \times \min\{75\ mm,\ S/2\}}{S} + 1$$

2)对称方向：

对称方向单根长=对称方向基础底板长－2×基础保护层厚度

$$对称方向根数 = \dfrac{非对称方向基础底板长 - 2 \times \min\{75\ mm,\ S/2\}}{S} + 1$$

(2)当底板长≥2 500 mm时，且非对称方向基础某侧从柱中心至基础底板边缘的距离<1 250 mm时：

1)非对称方向：

$$外侧\begin{cases}外侧2根钢筋的单根长＝非对称方向基础底板长－\\ \qquad\qquad 2×基础保护层厚度\\ 外侧根数：2根\end{cases}$$

$$内侧\begin{cases}内侧未减短钢筋的单根长＝非对称方向基础底板长－2×\\ \qquad\qquad 基础保护层厚度\\ 内侧未减短钢筋根数＝\dfrac{对称方向基础底板长－2×\min\{75\ \text{mm}，S/2\}－2S}{2S}+1\\ 内侧减短钢筋的单根长＝0.9×非对称方向基础底板长\\ 内侧减短钢筋根数＝\dfrac{对称方向基础底板长－2×\min\{75\ \text{mm}，S/2\}}{S}+\\ \qquad\qquad 1－2－内侧未减短钢筋根数\end{cases}$$

2)对称方向：

$$外侧\begin{cases}对称方向外侧2根钢筋的单根长＝对称方向基础底板长－\\ \qquad\qquad 2×基础保护层厚度\\ 根数：2根\end{cases}$$

$$内侧\begin{cases}对称方向内侧钢筋的单根长＝0.9×对称方向基础底板长\\ 对称方向根数＝\dfrac{非对称方向基础底板长－2×\min\{75\ \text{mm}，S/2\}}{S}+\\ \qquad\qquad 1－2\end{cases}$$

（3）当底板长≥2 500 mm 时，且非对称方向基础任意一侧从柱中心至基础底板边缘的距离≥1 250 mm 时：

1)非对称方向：

$$外侧\begin{cases}外侧2根钢筋的单根长＝非对称方向基础底板长－\\ \qquad\qquad 2×基础保护层厚度\\ 外侧根数：2根\end{cases}$$

$$内侧\begin{cases}内侧减短钢筋的单根长＝0.9×非对称方向基础底板长\\ 内侧减短钢筋根数＝\dfrac{对称方向基础底板长－}{\qquad}\\ \qquad\dfrac{2×\min\{75\ \text{mm}，S/2\}}{S}+1－2\end{cases}$$

2)对称方向：

$$外侧\begin{cases}对称方向外侧2根钢筋的单根长＝对称方向基础底板长－\\ \qquad\qquad 2×基础保护层厚度\\ 根数：2根\end{cases}$$

$$内侧\begin{cases}对称方向内侧钢筋的单根长＝0.9×对称方向基础底板长\\ 对称方向根数＝\dfrac{非对称方向基础底板长－2×\min\{75\ \text{mm}，S/2\}}{S}+1－2\end{cases}$$

**4. 非对称单柱独立基础顶筋计算**

非对称单柱独立基础顶筋计算规则与对称单柱独立基础顶筋的计算

规则相同。

**5. 对称双柱独立基础的底筋计算**

(1)当底板长<2 500 mm时:

X方向单根长=X方向基础底板长－2×基础保护层厚度

$$X方向根数=\frac{Y方向基础底板长-2\times\min\{75\text{ mm},S/2\}}{S}+1$$

Y方向单根长=Y方向基础底板长－2×基础保护层厚度

$$Y方向根数=\frac{X方向基础底板长-2\times\min\{75\text{ mm},S/2\}}{S}+1$$

(注：S是指哪个方向的钢筋就指哪个方向的钢筋间距)

(2)当底板长≥2 500 mm时:

$$X方向外侧\begin{cases}外侧2根钢筋的单根长=X方向基础底板长-\\ \qquad\qquad\qquad 2\times基础保护层厚度\\ 外侧根数：2根\end{cases}$$

$$X方向\\ 内侧\begin{cases}内侧钢筋的单根长=0.9\times X方向基础底板长\\ 根数=\dfrac{Y方向基础底板长-2\times\min\{75\text{ mm},S/2\}}{S}+1-2\end{cases}$$

$$Y方向外侧\begin{cases}外侧2根钢筋的单根长=Y方向基础底板长-\\ \qquad\qquad\qquad 2\times基础保护层厚度\\ 外侧根数：2根\end{cases}$$

$$Y方向\\ 内侧\begin{cases}内侧钢筋的单根长=0.9\times Y方向基础底板长\\ 根数=\dfrac{X方向基础底板长-2\times\min\{75\text{ mm},S/2\}}{S}+1-2\end{cases}$$

**6. 对称双柱独立基础的顶筋计算**

(1)已标明顶部受力筋根数时:

柱间纵向受力筋的单根长=两柱内侧之间的距离+2$l_a$

柱间纵向受力筋根数按标注根数计算。

柱间纵向受力筋的总长=柱间纵向受力筋的单根长×标注根数

分布筋的单根长=(受力筋根数－1)×受力筋间距+2×50(这里的50指的是分布筋超出受力筋的长度。图集上未做明确规定，在此依据施工经验取50 mm)

$$分布筋的根数=\frac{受力筋单根长-2\times\min\{75\text{ mm},S/2\}}{S}+1$$

分布筋的总长=分布筋的单根长×分布筋的根数

(2)未标明顶部受力筋根数时,分为以下两种情况:

1)当顶板长<2 500 mm时:

X方向受力筋单根长=X方向基础顶板长－2×基础保护层厚度

$$X\text{方向受力筋根数} = \frac{Y\text{方向基础顶板长} - 2 \times \min\{75 \text{ mm}, S/2\}}{S} + 1$$

X方向受力筋总长＝X方向受力筋单根长×X方向受力筋根数

Y方向单根长＝Y方向基础顶板长－2×基础保护层厚度

$$Y\text{方向根数} = \frac{X\text{方向基础顶板长} - 2 \times \min\{75 \text{ mm}, S/2\}}{S} + 1$$

Y方向受力筋总长＝Y方向受力筋单根长×Y方向受力筋根数

2）当顶板长≥2 500 mm时：

X方向外围 $\begin{cases} \text{外围2根钢筋的单根长} = X\text{方向基础顶板长} - \\ \qquad\qquad 2 \times \text{基础保护层厚度} \\ \text{外围根数：2根} \end{cases}$

X方向外围钢筋总长＝单根长×2

X方向内边 $\begin{cases} \text{内边钢筋的单根长} = 0.9 \times X\text{方向基础顶板长} \\ \text{根数} = \dfrac{Y\text{方向基础顶板长} - 2 \times \min\{75 \text{ mm}, S/2\}}{S} + 1 - 2 \end{cases}$

X方向内边钢筋总长＝单根长×X方向内边根数

Y方向外围 $\begin{cases} \text{外围2根钢筋的单根长} = Y\text{方向基础顶板长} - \\ \qquad\qquad 2 \times \text{基础保护层厚度} \\ \text{外围根数：2根} \end{cases}$

Y方向外围钢筋总长＝单根长×2

Y方向内边 $\begin{cases} \text{内边钢筋的单根长} = 0.9 \times Y\text{方向基础顶板长} \\ \text{根数} = \dfrac{X\text{方向基础顶板长} - 2 \times \min\{75 \text{ mm}, S/2\}}{S} + 1 - 2 \end{cases}$

Y方向内边钢筋总长＝单根长×Y方向内边根数

**项目实施**

独立基础钢筋工程量计算过程：

(1)独立基础项目一。

**解：** 对称单柱独立基础的底筋计算：

因为基础底板长＝3 800 mm＞2 500 mm

X方向外侧2根钢筋的单根长＝X方向基础底板长－2×基础保护层厚度

$$= 3.8 - 2 \times 0.04 = 3.72 \text{(m)}$$

X方向外侧根数：2根

X方向外侧钢筋总长＝3.72×2＝7.44(m)

X方向内侧钢筋的单根长＝0.9×X方向基础底板长

$$= 0.9 \times 3.8 = 3.42 \text{(m)}$$

$$X\text{方向内侧钢筋根数} = \frac{Y\text{方向基础底板长} - 2 \times \min\{75 \text{ mm}, S/2\}}{S} + 1 - 2$$

$$=\frac{3.8-2\times\min\{75\ mm,\ S/2\}}{0.15}+1-2$$

$$=24(根)$$

X 方向内侧钢筋总长 $=3.42\times24=82.08(m)$

Y 方向外侧 2 根钢筋的单根长 $=$ Y 方向基础底板长 $-2\times$ 基础保护层

厚度

$$=3.8-2\times0.04=3.72(m)$$

Y 方向外侧根数：2 根

Y 方向外侧钢筋总长 $=3.72\times2=7.44(m)$

Y 方向内侧钢筋的单根长 $=0.9\times$ Y 方向基础底板长

$$=0.9\times3.8=3.42(m)$$

Y 方向内侧钢筋根数 $=\dfrac{3.8-2\times\min\{75\ mm,\ S/2\}}{0.15}+1-2=24(根)$

Y 方向内侧钢筋总长 $=3.42\times24=82.08(m)$

对称单柱独立基础的顶筋计算：

X 方向钢筋的单根长 $=$ X 方向基础底板长 $-2\times$ 基础保护层厚度

$$=2-2\times0.04=1.92(m)$$

X 方向钢筋根数 $=\dfrac{Y\ 方向基础底板长-2\times\min\{75\ mm,\ S/2\}}{S}+1$

$$=\frac{2-2\times\min\{75\ mm,\ S/2\}}{0.2}+1$$

$$=11(根)$$

X 方向钢筋总长 $=1.92\times11=21.12(m)$

Y 方向钢筋的单根长 $=$ Y 方向基础底板长 $-2\times$ 基础保护层厚度

$$=2-2\times0.04=1.92(m)$$

Y 方向钢筋根数 $=\dfrac{2-2\times\min\{75mm,\ S/2\}}{0.2}+1=11(根)$

Y 方向钢筋总长 $=1.92\times11=21.12(m)$

(2)独立基础项目二。

**解**：非对称单柱独立基础的底筋计算：

非对称方向：

因为非对称方向的基础底板长 5 000 mm＞2 500 mm 时，且柱中心

距离基础底板左侧距离：$500+400+\dfrac{1}{2}\times600=1\ 200(mm)<1\ 250\ mm$

所以，外侧 2 根钢筋的单根长 $=$ 非对称方向基础底板长 $-2\times$

基础保护层厚度

$$=5-2\times0.04=4.92(m)$$

外侧根数：2 根

非对称方向外侧钢筋总长＝4.92×2＝9.84(m)

内侧未减短钢筋的单根长＝非对称方向基础长度－2×基础保护层厚度

$$=5-2×0.04=4.92(m)$$

$$\begin{matrix}内侧未减短\\钢筋根数\end{matrix}=\frac{对称方向基础底板长-2×\min\{75\ mm,\ S/2\}-2S}{2S}+1$$

$$=\frac{3-2×0.075-2×0.15}{2×0.15}+1$$

$$=10(根)$$

内侧未减短钢筋总长＝4.92×10＝49.2(m)

内侧减短钢筋的单根长＝0.9×非对称方向基础底板长

$$=5×0.9$$

$$=4.5(m)$$

$$内侧减短钢筋根数=\frac{对称方向基础底板长-2×\min\{75\ mm,\ S/2\}}{S}+$$

$$1-2-内侧未减短钢筋根数$$

$$=\frac{3-2×\min\{75\ mm,\ S/2\}}{0.15}+1-2-10$$

$$=8(根)$$

内侧减短钢筋总长＝4.5×8＝36(m)

因为对称方向基础底板长 3 000 mm＞2 500 mm 时：

对称方向：

对称方向外侧 2 根钢筋的单根长＝对称方向基础底板长－2×基础保

护层厚度

$$=3-2×0.04$$

$$=2.92(m)$$

对称方向外侧根数：2 根

对称方向外侧钢筋总长＝2.92×2＝5.84(m)

对称方向内侧钢筋的单根长＝0.9×对称方向基础底板长

$$=3×0.9=2.7(m)$$

$$\begin{matrix}对称方向内\\侧钢筋根数\end{matrix}=\frac{非对称方向基础底板长-2×\min\{75\ mm,\ S/2\}}{S}+1-2$$

$$=\frac{5-2×\min\{75\ mm,\ 150/2\}}{0.15}+1-2$$

$$=\frac{5-2×0.075}{0.15}+1-2$$

$$=32(根)$$

对称方向内侧钢筋总长＝2.7×32＝86.4(m)

(3)独立基础项目三。

**解：** 对称双柱独立基础的底筋计算

X方向基础底板长7 600 mm>2 500 mm：

$$X方向外侧钢筋的单根长 = X方向基础底板长 - 2 \times 基础保护层厚度$$
$$= 7.6 - 2 \times 0.04 = 7.52(m)$$

X方向外侧根数：2根

X方向外侧钢筋总长 = 7.52 × 2 = 15.04(m)

$$X方向内侧钢筋的单根长 = 0.9 \times X方向基础底板长$$
$$= 0.9 \times 7.6 = 6.84(m)$$

$$X方向内侧钢筋根数 = \frac{Y方向基础底板长 - 2 \times \min\{75\ mm,\ S/2\}}{S} + 1 - 2$$

$$= \frac{3.8 - 2 \times \min\{75\ mm,\ S/2\}}{0.15} + 1 - 2$$

$$= 25 + 1 - 2 = 24(根)$$

X方向内侧钢筋总长 = 6.84 × 24 = 164.16(m)

Y方向基础底板长3 800 mm>2 500 mm 时：

$$Y方向外侧2根钢筋的单根长 = Y方向基础底板长 - 2 \times$$
$$基础保护层厚度$$
$$= 3.8 - 2 \times 0.04 = 3.72(m)$$

Y方向外侧根数：2根

Y方向外侧钢筋总长 = 3.72 × 2 = 7.44(m)

$$Y方向内侧钢筋的单根长 = 0.9 \times Y方向基础底板长$$
$$= 0.9 \times 3.8 = 3.42(m)$$

$$Y方向内侧钢筋根数 = \frac{X方向基础底板长 - 2 \times \min\{75\ mm,\ S/2\}}{S} + 1 - 2$$

$$= \frac{7.6 - 2 \times \min\{75\ mm,\ S/2\}}{0.15} + 1 - 2$$

$$= 49(根)$$

Y方向内侧钢筋总长 = 3.42 × 49 = 167.58(m)

对称双柱独立基础的顶筋计算：

X方向基础顶板长5 800 mm>2 500 mm：

$$X方向外侧顶筋的单根长 = X方向基础顶板长 - 2 \times 基础保护层厚度$$
$$= 5.8 - 2 \times 0.04 = 5.72(m)$$

X方向外侧顶筋根数：2根

X方向外侧顶筋总长 = 5.72 × 2 = 11.44(m)

$$X方向内侧顶筋的单根长 = 0.9 \times X方向基础顶板长$$
$$= 0.9 \times 5.8 = 5.22(m)$$

$$X方向内侧顶筋根数 = \frac{Y方向基础顶板长 - 2 \times \min\{75\ mm,\ S/2\}}{S} + 1 - 2$$

$$=(2-0.075\times2)\div0.2+1-2=9(根)$$

X方向内侧顶筋的总长＝X方向内侧顶筋的单根长×根数

$$=5.22\times9=46.98(m)$$

Y方向基础顶板长 2 000 mm＜2 500 mm：

Y方向顶筋的单根长＝Y方向基础顶板长－2×基础保护层

$$=2-2\times0.04=1.92(m)$$

$$Y方向顶筋的根数=\frac{X方向基础顶板长-2\times\min\{75\ mm,\ S/2\}}{S}+1$$

$$=(5.8-0.075\times2)\div0.2+1=30(根)$$

Y方向顶筋总长＝$1.92\times30=57.6(m)$

## 二、条形基础计算项目

### 项目简介

图 9-4 所示为某条形基础结构平面图，基础混凝土强度等级为 C35。
一类环境，抗震等级为三级，其他相关信息如图 9-4 所示。

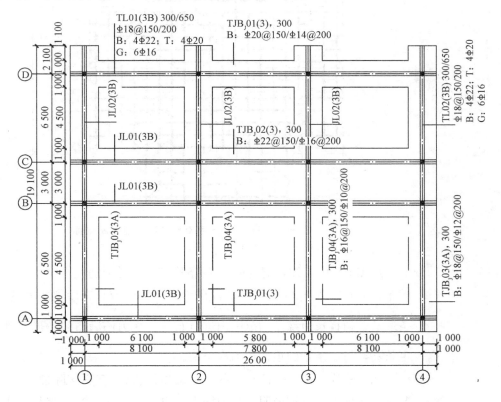

图 9-4　条形基础平面布置图

### 链接之二：条形基础钢筋计算规则

条形基础底板配筋构造参照 16G101-3 第 76 页、第 77 页，具体表达含义如下。

**1. 基础梁下条形基础底板**

(1)基础梁下十字交接基础底板。如图 9-5 所示，截面尺寸为 $d_1 \times h_1$ 的基础梁与截面尺寸为 $d_2 \times h_2$ 的基础梁十字交接，基础梁下对应的条形基础板宽度分别为 $b_1$、$b_2$，其钢筋分布如图 9-5 所示。

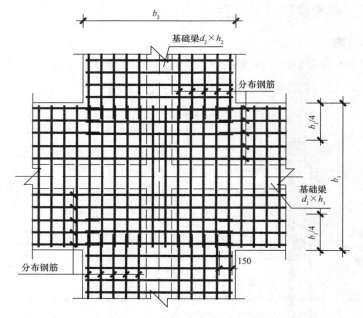

**图 9-5 基础梁下十字交接条形基础底板配筋**

从图 9-5 中可知，宽度为 $b_1$ 的条形基础板受力筋在十字交接区域内满布；而宽度为 $b_2$ 的条形基础板在十字交接区域只在距离板宽为 $b_1$ 的条形基础顶板长边缘 $\dfrac{b_1}{4}$ 的范围内进行布置。受力筋满布的条形基础板为主条基，另一条基础顶板长为次条基。

在平法施工图中，两相交的条基础顶板长(丁字交接除外)，一般情况下，设计如无特别说明，受力筋直径更大的为主条基，直径较小的为次条基；受力筋直径相等时，基础板宽度更大的为主条基，基础板宽度更小的为次条基；在受力筋直径相等，基础板宽也相等时，分布筋直径更大的为主条基，分布筋直径更小的为次条基；在受力筋直径相等，基础板宽相等，分布筋直径也相等的两相交条形基础板，基础板长度更长的为主条基，更短的为次条基。

如图 9-5 所示，宽度为 $b_1$ 的主条基中，距离主条基外侧边缘 $\frac{b_1}{4}$ 范围内的分布筋与次条基中的受力筋在十字交接区域搭接，搭接长度为 150 mm。主条基中，除距外侧 $\frac{b_1}{4}$ 范围内的分布筋外，中间 $\frac{b_1}{2}$ 范围内的分布筋应直接穿过十字交接区域，但在基础梁宽 $d_1$ 范围内不应布置分布筋（基础梁中已有纵向钢筋，无须布置）。

宽度为 $b_2$ 的次条基中，除梁宽 $d_2$ 范围内不应布置分布筋外，其余范围均布置分布筋，分布筋在十字交接区域与主条基中的受力筋进行搭接，搭接长度为 150 mm。

假定图 9-5 中，主条基础板中受力筋间距为 $S_{受1}$，分布筋间距为 $S_{分1}$，次条基础板中受力筋间距为 $S_{受2}$，分布筋间距为 $S_{分2}$，则有：

主条基受力筋单根长度＝$b_1-2\times$保护层厚度

主条基受力筋根数＝布置范围$\div S_{受1}+1$

主条基两外侧 $\frac{b_1}{4}$ 范围内的分布筋总根数＝$\left[\left(\dfrac{b_1}{4}-起步距离\right)\div S_{分1}+1\right]\times2$

主条基中间范围内（除距离外侧 $\frac{b_1}{4}$ 范围内区域）分布筋总根数

$$=\left[\left(\dfrac{b_1}{2}-\dfrac{b_1}{4}-\dfrac{d_1}{2}-起步距离\right)\div S_{分1}\right]\times2$$

$$=\left[\left(\dfrac{b_1}{4}-\dfrac{d_1}{2}-起步距离\right)\div S_{分1}\right]\times2$$

次条基受力筋单根长度＝$b_2-2\times$保护层厚度

次条基受力筋根数＝布置范围$\div S_{受2}+1$

次条基分布筋根数＝$\left[\left(\dfrac{b_2}{2}-\dfrac{d_2}{2}-2\times起步距离\right)\div S_{分2}\right]\times2$

基础中钢筋起步距离均取 $\min\{S/2,\ 75\ \text{mm}\}$。

(2)转角梁板端部均有纵向延伸至基础梁下的基础底板。如图 9-6 所示，截面尺寸为 $d_1\times h_1$ 的基础梁与截面尺寸为 $d_2\times h_2$ 的基础梁相交后，均向外有的延伸，基础梁下对应的条形基础板宽度分别为 $b_1$、$b_2$，其钢筋分布如图 9-6 所示。

从图 9-6 中可以看出，转角梁板端部均有纵向延伸的基础底板配筋，其与图 9-5 中基础梁下十字交接的基础底板钢筋分布相同。也有宽度为 $b_1$ 的主条基中，距离主条基外侧边缘 $\frac{b_1}{4}$ 范围内的分布筋与次条基中受力筋在十字交接区域搭接，搭接长度为 150 mm。主条基中，除距外侧 $\frac{b_1}{4}$ 范围内的分布筋外，中间 $\frac{b_1}{2}$ 范围内的分布筋应直接穿过十字交接区域，但在基础梁宽 $d_1$ 范围内不应布置分布筋。宽度为 $b_2$ 的次条基中，除梁宽 $d_2$ 范围内不应布置分布筋外，其余范围均布置分布筋，分布筋在十字交接区域与主条基中受力筋进行搭接，搭接长度为 150 mm。

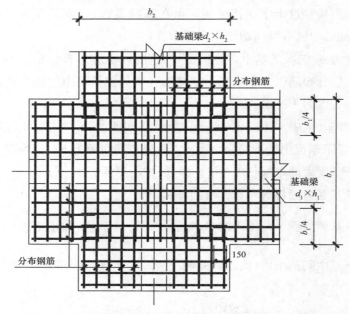

**图 9-6 转角梁板端部均有纵向延伸基础梁下基础底板配筋**

如果假定图 9-6 中，主条基础板中受力筋间距为 $S_{受1}$，分布筋间距为 $S_{分1}$，次条基础板中受力筋间距为 $S_{受2}$，分布筋间距为 $S_{分2}$，则同样有：

主条基受力筋单根长度 $= b_1 - 2 \times$ 保护层厚度

主条基受力筋根数 $=$ 布置范围 $\div S_{受1} + 1$

主条基两外侧 $\frac{b_1}{4}$ 范围内的分布筋总根数 $= \left[ \left( \frac{b_1}{4} - 起步距离 \right) \div S_{分1} + 1 \right] \times 2$

主条基中间范围内 $\left($ 除距离外侧 $\frac{b_1}{4}$ 范围内区域 $\right)$ 分布筋总根数

$$= \left[ \left( \frac{b_1}{2} - \frac{b_1}{4} - \frac{d_1}{2} - 起步距离 \right) \div S_{分1} \right] \times 2$$

$$= \left[ \left( \frac{b_1}{4} - \frac{d_1}{2} - 起步距离 \right) \div S_{分1} \right] \times 2$$

次条基受力筋单根长度 $= b_2 - 2 \times$ 保护层厚度

次条基受力筋根数 $=$ 布置范围 $\div S_{受2} + 1$

次条基分布筋根数 $= \left[ \left( \frac{b_2}{2} - \frac{d_2}{2} - 2 \times 起步距离 \right) \div S_{分2} \right] \times 2$

基础中钢筋起步距离均取 $\min\{S/2,\ 75\ \text{mm}\}$。

(3)基础梁下丁字交接基础底板。如图 9-7 所示，截面尺寸为 $d_1 \times h_1$、基础梁与截面尺寸为 $d_2 \times h_2$ 的基础梁丁字交接，基础梁下对应的条形基础板宽度分别为 $b_1$、$b_2$，其钢筋分布如图 9-7 所示。

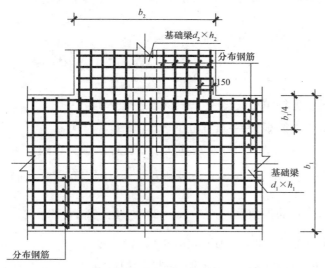

图 9-7 基础梁下丁字交接条形基础底板配筋

如图 9-7 所示，宽度为 $b_1$ 的条基础顶板长中，受力筋满布，显然该条基础顶板长为主条基，宽度为 $b_2$ 的条基础顶板长为次条基。主条基础顶板长中，基础梁外侧分布筋在丁字交接区域直接贯通。基础梁内侧，在距离主条基础顶板长内侧边缘 $\dfrac{b_1}{4}$ 范围内的分布筋与次条基板的受力筋在丁字交接区域进行搭接，搭接长度为 150 mm；在距离主条基板内侧边缘 $\dfrac{b_1}{4}$ 范围外的分布筋直接贯通丁字交接区域。主条基中，在基础梁宽 $d_1$ 范围不设置分布筋。次条基中，受力筋在丁字交接区域，只需在距离主条基础顶板长内侧边缘 $\dfrac{b_1}{4}$ 范围内布置。次条基础顶板长中分布筋沿着板宽方向布置，在基础梁宽 $d_2$ 范围内不设置分布筋。次条基础顶板长中分布筋在丁字交接区域与主条基础顶板长中受力筋进行搭接，搭接长度为 150 mm。

假定图 9-7 中，主条基中受力筋间距为 $S_{受1}$，分布筋间距为 $S_{分1}$，次条基础板中受力筋间距为 $S_{受2}$，分布筋间距为 $S_{分2}$，则有：

主条基受力筋单根长度 $= b_1 - 2 \times$ 保护层厚度

主条基受力筋根数 $=$ 布置范围 $\div S_{受1} + 1$

主条基基础梁外侧分布筋根数 $= \left( \dfrac{b_1}{2} - \dfrac{d_1}{2} - 2 \times$ 起步距离 $\right) \div S_{分1} + 1$

主条基基础梁内侧距板边缘$\frac{b_1}{4}$范围内分布筋根数$=\left(\frac{b_1}{4}-起步距离\right)\div S_{分1}+1$

主条基基础梁内侧距板边缘$\frac{b_1}{4}$范围外分布筋根数

$$=\left(\frac{b_1}{2}-\frac{b_1}{4}-\frac{d_1}{2}-起步距离\right)\div S_{分1}+1$$

$$=\left(\frac{b_1}{4}-\frac{d_1}{2}-起步距离\right)\div S_{分1}+1$$

次条基受力筋单根长度$=b_2-2\times 保护层厚度$

次条基受力筋根数$=布置范围\div S_{受2}+1$

$$\left(\begin{array}{l}次条基在丁字交接区域只在距离主\\ 条基内侧边缘\frac{b_1}{4}范围内布置受力筋\end{array}\right)$$

次条基分布筋根数$=\left[\left(\frac{b_2}{2}-\frac{d_2}{2}-2\times 起步距离\right)\div S_{分2}\right]\times 2$

基础中钢筋起步距离均取 $\min\{S/2,\ 75\ \mathrm{mm}\}$。

（4）转角梁板端部无纵向延伸基础梁下基础底板。如图 9-8 所示，截面尺寸为 $d_1\times h_1$ 基础梁与截面尺寸为 $d_2\times h_2$ 的基础梁形成转角交接，且转角处梁板端部无纵向延伸，基础梁下对应的条形基础板宽度分别为 $b_1$、$b_2$，其钢筋分布如图 9-8 所示。

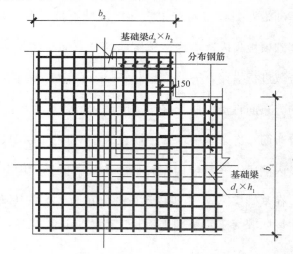

图 9-8　转角梁板端部无纵向延伸基础梁下基础底板配筋

从图 9-8 中可以看到，在转角梁板端部无纵向延伸的情况下，基础梁下基础底板配筋。无论是主条基还是次条基，基础底板受力筋在交接处均满布；主条基础顶板长中分布筋与次条基础顶板长中受力筋在转角交接区域进行搭接，搭接长度为 150 mm；次条基础顶板长中分布筋与主条基础顶板长中受力筋在转角交接区域进行搭接，搭接长度为 150 mm。

假定图 9-8 中，主条基础板中受力筋间距为 $S_{受1}$，分布筋间距为 $S_{分1}$，次条基础板中受力筋间距为 $S_{受2}$，分布筋间距为 $S_{分2}$，则有：

主条基受力筋单根长度＝$b_1-2×$保护层厚度

主条基受力筋根数＝布置范围÷$S_{受1}+1$

主条基分布筋根数＝$\left(\dfrac{b_1}{2}-\dfrac{d_1}{2}-2×\text{起步距离}\right)÷S_{分1}+1$

次条基受力筋单根长度＝$b_2-2×$保护层厚度

次条基受力筋根数＝布置范围÷$S_{受2}+1$

次条基分布筋根数＝$\left(\dfrac{b_2}{2}-\dfrac{d_2}{2}-2×\text{起步距离}\right)÷S_{分2}+1$

（5）基础梁下无交接底板条形基础端部。如图 9-9 所示，基础梁截面尺寸为 $d×h$，其下有无交接底板的条基础顶板长，宽度为 $b$，其端部钢筋分布如图 9-9 所示。

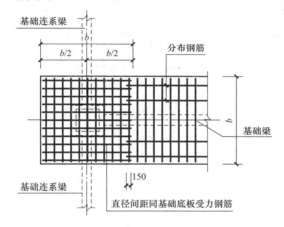

图 9-9　基础梁下无交接底板端部配筋

从图 9-9 中可以看到，宽度为 $b$ 的条形基础板，在端部无其他基础板相交的情况下，条形基础板中受力筋布置到端部。在距端部距离为板宽 $b$ 的范围内，沿着条形基础板板宽方向，需要布置端部附加受力筋，附加受力筋的直径、间距均同条形基础板中受力筋。条形基础板中分布筋延伸到距离端部 $(b-150)$ mm 的位置截断（即与附加受力筋搭接长度为 150 mm），在基础梁宽 $b$ 范围内不应设置条基分布钢筋。

假定图 9-9 中，基础板中受力筋间距为 $S_{受}$，分布筋间距为 $S_{分}$，则有：

受力筋单根长度＝$b-2×$保护层厚度

受力筋根数＝布置范围÷$S_{受}+1$

端部附加受力筋单根长度＝$b-$保护层厚度

端部附加受力筋根数＝$(b-2×\text{起步距离})÷S_{受}+1$

$$分布筋根数=\left(\frac{b}{2}-\frac{d}{2}-2\times 起步距离\right)\div S_分+1$$

**2. 墙下(剪力墙或砌体墙下)条形基础底板**

(1)墙下十字交接基础底板。如图 9-10 所示,墙 1 与墙 2 十字交接,墙下对应的条形基础板宽度分别为 $b_1$、$b_2$,其钢筋分布如图 9-10 所示。

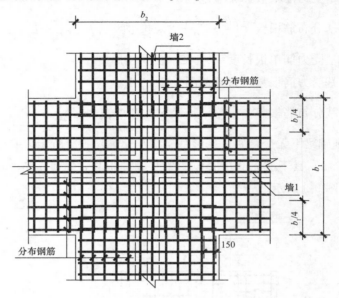

**图 9-10 墙下十字交接条形基础底板配筋**

从图 9-10 中可知,宽度为 $b_1$ 的条形基础板受力筋在十字交接区域内满布;而宽度为 $b_2$ 的条形基础板在十字交接区域只在距离板宽为 $b_1$ 的条基础顶板长边缘 $\frac{b_1}{4}$ 范围内进行布置。受力筋满布的条形基础板为主条基,另一条形基础板为次条基。

如图 9-10 所示,宽度为 $b_1$ 的主条基中,距离主条基外侧边缘 $\frac{b_1}{4}$ 范围内的分布筋与次条基中受力筋在十字交接区域搭接,搭接长度为 150 mm。主条基中,除距外侧 $\frac{b_1}{4}$ 范围内的分布筋外,中间 $\frac{b_1}{2}$ 范围内的分布筋应直接穿过十字交接区域,在墙宽范围内也需布置分布筋。宽度为 $b_2$ 的次条基中,分布筋在十字交接区域与主条基中受力筋进行搭接,搭接长度为 150 mm。次条基中应沿板宽方向布置分布筋,在墙宽范围内仍需布置分布筋。

假定图 9-10 中,墙 1 宽度为 $d_1$,墙 2 宽度为 $d_2$,主条基础板中受力筋间距为 $S_{受1}$,分布筋间距为 $S_{分1}$,次条基础板中受力筋间距为 $S_{受2}$,分布筋间距为 $S_{分2}$,则有:

主条基受力筋单根长度 $=b_1-2\times 保护层厚度$

主条基受力筋根数＝布置范围÷$S_{受1}$＋1

主条基两外侧$\dfrac{b_1}{4}$范围内的分布筋总根数＝$\left[\left(\dfrac{b_1}{4}-起步距离\right)\div S_{分1}+1\right]\times 2$

主条基中间范围内$\left(除距离外侧\dfrac{b_1}{4}范围内区域\right)$分布筋总根数

$$=\left(b_1-\dfrac{b_1}{4}\times 2\right)\div S_{分1}=\dfrac{b_1}{2}\div S_{分1}$$

次条基受力筋单根长度＝$b_2$－2×保护层厚度

次条基受力筋根数＝布置范围÷$S_{受2}$＋1

次条基分布筋根数＝$(b_2-2\times 起步距离)\div S_{分2}$

基础中钢筋起步距离均取 $\min\{S/2,75\text{ mm}\}$。

(2)墙下丁字交接基础底板。如图 9-11 所示，墙 1 与墙 2 呈丁字交接，墙 1 下条形基础板宽为 $b_1$，墙 2 下条形基础板宽为 $b_2$，其钢筋分布如图 9-11 所示。

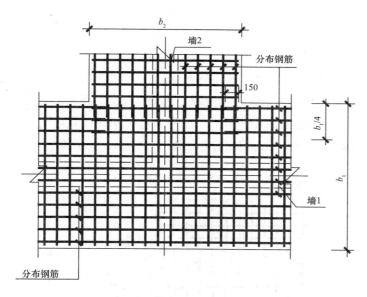

**图 9-11　墙下丁字交接条形基础底板配筋**

如图 9-11 所示，宽度为 $b_1$ 的条基础顶板长中，受力筋满布，显然该条基础顶板长为主条基，宽度为 $b_2$ 的条基础顶板长为次条基。主条基础顶板长中距离板内侧边缘$\dfrac{b_1}{4}$范围内的分布筋在丁字交接区域与次条基础顶板长受力筋进行搭接，搭接长度为 150 mm，主条基础顶板长中距离板内侧边缘$\dfrac{b_1}{4}$范围外的分布筋直接贯穿丁字交接区域。次条基础顶板长中受力筋在丁字交接区域，只在距离主条基础顶板长内侧边缘$\dfrac{b_1}{4}$范围内布置，次条基板中的分布筋，沿板宽范围布置，墙2宽度范围内仍需布置分布筋。

假定图9-11中，墙1宽度为$d_1$，墙2宽度为$d_2$，主条基础板中受力筋间距为$S_{受1}$，分布筋间距为$S_{分1}$，次条基础板中受力筋间距为$S_{受2}$，分布筋间距为$S_{分2}$，则有：

主条基受力筋单根长度＝$b_1$－2×保护层厚度

主条基受力筋根数＝布置范围÷$S_{受1}$＋1

主条基础顶板长中距离板内侧边缘$\dfrac{b_1}{4}$范围内的分布筋根数

$$=\left(\dfrac{b_1}{4}-起步距离\right)\div S_{分1}+1$$

主条基础顶板长中距离板内侧边缘$\dfrac{b_1}{4}$范围外的分布筋根数

$$=\left(\dfrac{3b_1}{4}-起步距离\right)\div S_{分1}+1$$

次条基受力筋单根长度＝$b_2$－2×保护层厚度

次条基受力筋根数＝布置范围÷$S_{受2}$＋1

次条基中分布筋根数＝（$b_2$－2×起步距离）÷$S_{分2}$＋1

基础中钢筋起步距离均取 $\min\{S/2,\ 75\ \text{mm}\}$。

（3）转角梁板端部无纵向延伸墙下基础底板。如图9-12所示，墙1与墙2交接，且转角处无纵向延伸，墙1下对应基础板宽度为$b_1$、墙2下对应基础板宽度为$b_2$，其钢筋分布如图9-12所示。

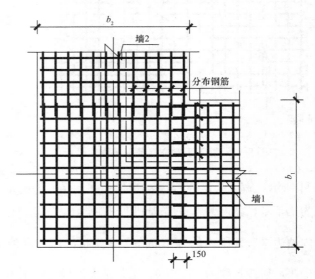

**图 9-12　转角梁板端部无纵向延伸墙下基础底板配筋**

从图9-12中可以看到，在转角梁板端部无纵向延伸的情况下，墙下基础底板配筋，无论是主条基还是次条基，基础底板受力筋在交接处均满布；主条基础顶板长中分布筋沿着板宽方向布置，且在墙1宽度方向内仍需布置分布筋。主条基础顶板长中分布筋与次条基础顶板长中受力筋在转角交接区域进行搭接，搭接长度为150 mm。次条基础顶板长中分布筋沿着板宽方向布置，且在墙2宽度范围内仍需布置分布筋。次条基础顶板长中分布筋与主条基础顶板长中受力筋在转角交接区域进行搭接，搭接长度为150 mm。

假定图9-12中，主条基础板中受力筋间距为$S_{受1}$，分布筋间距为$S_{分1}$，次条基础板中受力筋间距为$S_{受2}$，分布筋间距为$S_{分2}$，则有：

主条基受力筋单根长度＝$b_1$－2×保护层厚度

主条基受力筋根数＝布置范围÷$S_{受1}$＋1

主条基分布筋根数＝($b_1$－2×起步距离)÷$S_{分1}$＋1

次条基受力筋单根长度＝$b_2$－2×保护层厚度

次条基受力筋根数＝布置范围÷$S_{受2}$＋1

次条基分布筋根数＝($b_2$－2×起步距离)÷$S_{分2}$＋1

基础中钢筋起步距离均取 min$\{S/2，75\ mm\}$。

条形基础底板配筋构造除满足上述构造外，参照图集16G101—3第78页，还应该符合基础底板宽度≥2 500 mm时相应规定，如图9-13所示。

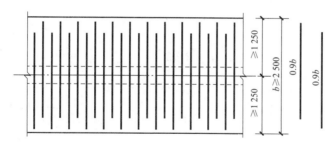

**图9-13 条形基础底板配筋长度减短10%构造**

**(底板交接区的受力钢筋和无交接底板时端部第一根钢筋不应减短)**

由图9-13可知，当基础底板宽度≥2 500 mm时，基础底板配筋长度需要剪短10%，即底板配筋长度为底板宽度的0.9倍，若基础一侧边缘到基础中心距离＜1 250 mm时，该侧钢筋不应剪短。此外，底板交接区域钢筋不应剪短，无交接区域时，端部第一根钢筋不应剪短。

**项目实施**

条形基础钢筋工程量计算过程。

**解：**①轴处 TJB_J01 底筋(B：$\Phi20@150/\Phi14@200$)

①轴处 TJB_J01 受力钢筋单根长：

条形基础宽－2×基础保护层厚度＝2－2×0.04＝1.92(m)

①轴处 TJB$_J$01 受力钢筋根数＝布置范围÷分布筋间距＋1

$$=\frac{\left(26-2\times2+\frac{1}{4}\times2\times2\right)}{0.15}+1=153.3+1$$

$$=154.3[根(排)]，取155根。$$

①轴处 TJB$_J$01 受力筋总长＝1.92×155＝297.6(m)

①轴处 TJB$_J$01 中距离板边缘$\frac{1}{4}$板宽范围内的分布筋单根(排)长

$$=6.1+0.04\times2+0.15\times2+5.8+0.04\times2+0.15\times2+6.1+0.04\times2+0.15\times2$$

$$=19.14(m)$$

①轴处 TJB$_J$01 中距离板边缘$\frac{1}{4}$板宽范围外(板中间)的分布筋单根长

$$=26-2\times2+0.04\times2+0.15\times2=22.38(m)$$

①轴处 TJB$_J$01 中，基础梁外侧分布筋根数(排数)

$$=\left(\frac{1}{2}\times条基础顶板长 TJB_J01 宽度-\frac{1}{2}\times基础梁 JL01 宽度-2\times起步距离\right)\div分布筋间距+1$$

$$=\left(\frac{1}{2}\times2-\frac{1}{2}\times0.3-2\times起步距离\right)\div0.2+1$$

$$=\left(\frac{1}{2}\times2-\frac{1}{2}\times0.3-2\times\min\left\{\frac{200}{2}\text{ mm}，75\text{ mm}\right\}\right)\div0.2+1$$

$$=\left(\frac{1}{2}\times2-\frac{1}{2}\times0.3-2\times0.075\right)\div0.2+1$$

$$=4.5[根(排)]，取5根(排)$$

①轴处 TJB$_J$01 基础梁外侧距离板边缘$\frac{1}{4}$板宽范围内的分布筋根数(排数)

$$=\frac{布置范围}{分布筋距}+1$$

$$=\frac{\frac{1}{4}\times基础板宽度-起步距离}{分布筋间距}+1$$

$$=\frac{\frac{1}{4}\times2-\min\left\{\frac{0.2}{2}，75\text{ mm}\right\}}{0.2}+1$$

$$=3.125[根(排)]$$

取3排(因为从板边缘开始布置的第4根分布筋已经超出$\frac{1}{4}$板宽范围)

①轴处 TJB$_J$01 基础梁外侧距离板边缘$\frac{1}{4}$板宽范围外的分布筋根数

＝基础梁外侧分布筋根数－梁外侧距离板边缘$\frac{1}{4}$板宽范围内的分布筋根数

＝5－3＝2(根)

Ⓓ轴处 TJB$_J$01 基础梁外侧距离板边缘$\frac{1}{4}$板宽范围内的分布筋长度合计＝分布筋单根(排)长×根数(排数)＝19.14×3＝57.42(m)

Ⓓ轴处 TJB$_J$01 基础梁外侧距离板边缘$\frac{1}{4}$板宽范围外的分布筋长度合计＝分布筋单根长×根数＝22.38×2＝44.76(m)

Ⓓ轴处 TJB$_J$01 基础梁外侧分布筋长度合计＝57.42＋44.76＝102.18(m)

Ⓓ轴处 TJB$_J$01 基础梁内侧分布筋应与外侧分布筋沿Ⓓ轴对称布置。

所以，Ⓓ轴处 TJB$_J$01 基础梁内侧分布筋合计也为 102.18 m。

Ⓓ轴处 TJB$_J$01 中分布筋长度合计＝外侧分布筋长度合计＋内侧分布筋长度合计

＝102.18＋102.18＝204.36(m)

Ⓓ轴处 TJB$_J$01 中钢筋排布如图 9-14 所示。

Ⓐ轴处 TJB$_J$01 底筋(B：⚎20@150/⚎14@200)

Ⓐ轴处 TJB$_J$01 受力钢筋单根长

＝条形基础宽－2×基础保护层厚度＝2－2×0.04＝1.92(m)

Ⓐ轴处 TJB$_J$01 受力钢筋根数＝布置范围÷分布筋间距＋1

$$＝\frac{(26-2×起步距离)}{0.15}+1$$

$$＝\frac{(26-2×0.075)}{0.15}+1$$

$$＝172.3+1$$

$$＝173.3(根)$$

取 174 根。

Ⓐ轴处 TJB$_J$01 受力筋总长＝1.92×174＝334.08(m)

Ⓐ轴处 TJB$_J$01 中距离条基础顶板长内侧边缘$\frac{1}{4}$板宽范围内的分布筋单根(排)长

＝6.1＋0.04×2＋0.15×2＋5.8＋0.04×2＋0.15×2＋6.1＋0.04

×2＋0.15×2

＝19.14(m)

Ⓐ轴处 TJB$_J$01 中距离条基础顶板长外侧边缘$\frac{3}{4}$板宽范围内的分布筋单根长＝26－2×2＋0.04×2＋0.15×2＝22.38(m)

Ⓐ轴处 $TJB_J01$ 中距离条基础顶板长内侧边缘 $\frac{1}{4}$ 板宽范围内的分布筋根数（排数）

$$=\left(\frac{1}{4}\times\text{条基础顶板长 }TJB_J01\text{ 宽度}-\text{起步距离}\right)\div\text{分布筋间距}+1$$

$$=\left(\frac{1}{4}\times2-0.075\right)\div0.2+1$$

$=3.125[\text{根（排）}]$，取 3 根（排）（因为从 $TJB_J01$ 中内侧边缘开始布置的第 4 根分布筋已经超出 $\frac{1}{4}$ 倍板宽范围）

Ⓐ轴处 $TJB_J01$ 中，基础梁内侧分布筋根数（排数）

$$=\left(\frac{1}{2}\times\text{条基础顶板长 }TJB_J01\text{ 宽度}-\frac{1}{2}\times\text{基础梁 }JL01\text{ 宽度}-2\times\text{起步距离}\right)\div\text{分布筋间距}+1$$

$$=\left(\frac{1}{2}\times2-\frac{1}{2}\times0.3-2\times\min\left\{\frac{S}{2},\ 75\text{ mm}\right\}\right)\div0.2+1$$

$$=\left(\frac{1}{2}\times2-\frac{1}{2}\times0.3-2\times0.075\right)\div0.2+1$$

$=4.5[\text{根（排）}]$，取 5 根（排）

Ⓐ轴处 $TJB_J01$ 中，基础梁内侧，距离 $TJB_J01$ 内侧边缘 $\frac{1}{4}$ 板宽范围外分布筋根数（排数）＝Ⓐ轴处 $TJB_J01$ 中，基础梁内侧分布筋根数（排数）－Ⓐ轴处 $TJB_J01$ 中距离条基础顶板长内侧边缘 $\frac{1}{4}$ 板宽范围内的分布筋根数（排数）＝5－3＝2（根）

Ⓐ轴处 $TJB_J01$ 中，基础梁外侧分布筋根数（排数）

$$=\left(\frac{1}{2}\times\text{条基础顶板长 }TJB_J01\text{ 宽度}-\frac{1}{2}\times\text{基础梁 }JL01\text{ 宽度}-2\times\text{起步距离}\right)\div\text{分布筋间距}+1$$

$$=\left(\frac{1}{2}\times2-\frac{1}{2}\times0.3-2\times0.075\right)\div0.2+1$$

$=4.5[\text{根（排）}]$

取 5 根（排）。

Ⓐ轴处 $TJB_J01$ 中距离条基础顶板长外侧边缘 $\frac{3}{4}$ 板宽范围内的分布筋根数＝Ⓐ轴处 $TJB_J01$ 中，基础梁内侧，距离 $TJB_J01$ 内侧边缘 $\frac{1}{4}$ 板宽范围外分布筋根数（排数）＋Ⓐ轴处 $TJB_J01$ 中，基础梁外侧分布筋根数（排数）＝2＋5＝7（根）

Ⓐ轴处 $TJB_J01$ 中，距离条基础顶板长内侧边缘 $\frac{1}{4}$ 板宽范围内的分

布筋长度合计

＝Ⓐ轴处 TJB𝒥01 中距离条基础顶板长内侧边缘$\frac{1}{4}$板宽范围内的分

布筋单根(排)长×根数(排数)＝19.14×3

＝57.42(m)

Ⓐ轴处 TJB𝒥01 中，距离条基础顶板长外侧边缘$\frac{3}{4}$板宽范围内的分

布筋长度合计

＝Ⓐ轴处 TJB𝒥01 中距离条基础顶板长外侧边缘$\frac{3}{4}$板宽范围内的分

布筋单根长×根数＝22.38×7＝156.66(m)

Ⓐ轴处 TJB𝒥01 中分布筋长度合计＝Ⓐ轴处 TJB𝒥01 中，距离条基础

顶板长内侧边缘$\frac{1}{4}$板宽范围内的分布筋长度合计＋Ⓐ轴处 TJB𝒥01 中，

距离条基础顶板长外侧边缘$\frac{3}{4}$板宽范围内的分布筋长度合计＝57.42＋

156.66＝214.08(m)

Ⓐ轴处 TJB𝒥01 中钢筋排布如图 9-15 所示。

Ⓑ、Ⓒ轴处 TJB𝒥02 底筋(B：⏀22@150/⏀16@200)

因为 TJB𝒥02 宽度 5 000 mm＞2 500 mm，且基础板边缘任意一层距
离基础中心距离＞1 250 mm，所以除交接区域受力筋不减断外，其余板
中受力筋均应减断为基础板宽的 0.9 倍。

Ⓑ、Ⓒ轴处 TJB𝒥02 中交接区域受力筋单根长

＝条形基础宽－2×基础保护层厚度

＝5－2×0.04＝4.92(m)

Ⓑ、Ⓒ轴处 TJB𝒥02 中非交接区域受力筋单根长

＝条形基础宽×0.9

＝5×0.9＝4.5(m)

Ⓑ、Ⓒ轴处 TJB𝒥02 与①轴处 TJB𝒥03 呈 T 字相交，TJB𝒥02 中受力
筋在相交区域根数

＝$\frac{1}{4}$×TJB𝒥03 宽度÷受力筋间距＋1

＝$\frac{1}{4}$×2÷0.15＋1

＝4.3(根)

取 4 根(因为从 TJB𝒥02 中从左往右起的第 5 根分布筋已经超出交接
范围)。

同理，Ⓑ、Ⓒ轴处 TJB𝒥02 与④轴处 TJB𝒥03 呈 T 字相交，TJB𝒥02

中受力筋在相交区域根数也为4根。

B、C轴处 $TJB_J02$ 与②轴处 $TJB_J04$ 呈十字相交，且 $TJB_J02$ 中受力筋直径大于 $TJB_J04$ 中受力筋直径，所以，$TJB_J02$ 为主条基，在十字交接区域受力筋应满布。

B、C轴处 $TJB_J02$ 与②轴处 $TJB_J04$ 十字交接区域 $TJB_J02$ 的受力筋根数

$$= \left[ \left( \frac{1}{4} TJB_J03 \text{ 宽度} + 6.1 + TJB_J04 \text{ 宽度} \right) \div 0.15 + 1 \right] -$$

$$\left[ \left( \frac{1}{4} TJB_J03 \text{ 宽度} + 6.1 \right) \div 0.15 + 1 \right]$$

$$= \left[ \left( \frac{1}{4} \times 2 + 6.1 + 2 \right) \div 0.15 + 1 \right] - \left[ \left( \frac{1}{4} \times 2 + 6.1 \right) \div 0.15 + 1 \right]$$

$$= 58.33 - 45$$

$$= 58 - 45 = 13 (\text{根}) (TJB_J02 \text{ 中从左往右起的第59根分布筋已经超出}$$
交接范围，所以计算中间结果的58.33应取58)

同理，B、C轴处 $TJB_J02$ 与③轴处 $TJB_J04$ 十字交接区域 $TJB_J02$ 的受力筋根数也为13根。

$TJB_J02$ 中交接区域受力筋总根数(即未减短钢筋根数)

$$= 4 + 4 + 13 + 13 = 34 (\text{根})$$

$TJB_J02$ 中非交接区域受力筋总根数(即减短钢筋根数)

$$= TJB_J02 \text{ 中受力筋总根数} - TJB_J02 \text{ 中交接区域受力筋总根数}$$

$$= \left( 26 - 2 \times 2 + \frac{1}{4} \times 2 \times 2 \right) \div 0.15 + 1 - 34$$

$$= 154.33 - 34$$

$$= 155 - 34 (\text{计算结果取整加1，154.33取155})$$

$$= 121 (\text{根})$$

$TJB_J02$ 中交接区域受力筋总长度(即未减受力筋总长度)

$$= 4.92 \times 34 = 146.88 (m)$$

$TJB_J02$ 中非交接区域受力筋总长度(即减短受力筋总长度)

$$= 4.5 \times 121 = 544.5 (m)$$

$TJB_J02$ 中受力筋总长度=未减短受力筋总长度+减短受力筋总长度

$$= 146.88 + 544.5 = 691.38 (m)$$

B、C轴处 $TJB_J02$ 中距离板边缘 $\frac{1}{4}$ 宽度范围内分布筋单根(排)长

$$= 6.1 + 0.04 \times 2 + 0.15 \times 2 + 5.8 + 0.04 \times 2 + 0.15 \times 2 + 6.1 + 0.04 \times 2 + 0.15 \times 2$$

$$= 19.14 (m)$$

B、C轴处 $TJB_J02$ 中距离板边缘 $\frac{1}{4}$ 宽度范围外(即板中间部分)分

布筋单根长

$$=26-2\times2+0.04\times2+0.15\times2=22.38(m)$$

$\frac{1}{4}$ TJB$_J$02 宽度 $=\frac{1}{4}\times5=1.25(m)$

Ⓑ、Ⓒ轴处 TJB$_J$02 中Ⓒ轴上 JL01 外侧未贯通分布筋根数（排数）

$$=\frac{布置范围}{分布筋间距}+1$$

$$=\frac{1-\frac{1}{2}\times JL01\,宽度-2\times\min\left\{\frac{S}{2},\,75\ mm\right\}}{分布筋间距}+1$$

$$=\frac{1-\frac{1}{2}\times0.3-2\times\min\left\{\frac{0.2}{2},\,75\ mm\right\}}{0.2}+1$$

$=4.5[根（排）]$，取 5 根（排）

Ⓑ、Ⓒ轴处 TJB$_J$02 中距离Ⓒ轴上 JL01 内侧未贯通分布筋根数 $=$

$\left(1.25-1-0.3\times\frac{1}{2}\right)\div0.15+1=1.7[根（排）]$

取 1 根（排）（TJB$_J$02 中Ⓒ轴上 JL01 内侧往中间数的第 2 根分布筋已经不在距离支座边缘$\frac{1}{4}$板宽度范围内，所以计算结果为 1.7，应取 1）。

同理，Ⓑ、Ⓒ轴处 TJB$_J$02 中 B 轴上 JL01 外侧未贯通分布筋根数（排数）也为 5 根（排）；Ⓑ、Ⓒ轴处 TJB$_J$02 中距离Ⓑ轴上 JL01 内侧未贯通分布筋根数也为 1 根（排）。

Ⓑ、Ⓒ轴处 TJB$_J$02 中距离板边缘$\frac{1}{4}$宽度范围内分布筋（即未贯通分布筋）总根（排）数 $=5+1+5+1=12[根（排）]$

Ⓑ、Ⓒ轴处 TJB$_J$02 中距离板边缘$\frac{1}{4}$宽度范围内分布筋（即未贯通分布筋）总长度 $=19.14\times12=229.68(m)$

Ⓑ、Ⓒ轴处 TJB$_J$02 中距离板边缘$\frac{1}{4}$宽度范围外（即板中间部分）直接贯通分布筋根数

$$=\frac{3-\frac{1}{2}\times JL01\,宽度\times2-2\times\min\left\{\frac{S}{2},\,75\ mm\right\}}{分布筋间距}+1-1\times2$$

$$=\frac{3-0.3-2\times\min\left\{\frac{0.2}{2},\,75\ mm\right\}}{0.2}+1-2$$

$=13.75-2=11.75(根)$，取 12 根

Ⓑ、Ⓒ轴处 TJB$_J$02 中距离板边缘$\frac{1}{4}$宽度范围外（即板中间部分）直

接贯通分布筋总长度＝22.38×12＝268.56(m)

Ⓑ、Ⓒ轴处 TJB_J02 中分布筋总长＝229.68＋268.56＝498.24(m)

Ⓑ、Ⓒ轴处 TJB_J02 中钢筋排布如图 9-16 所示。

①轴处 TJB_J03 底筋(B：Φ18@150/Φ12@200)

①轴处 TJB_J03 受力钢筋单根长

＝条形基础宽－2×基础保护层厚度

＝2－2×0.04＝1.92(m)

①轴处 TJB_J03 受力钢筋根数

＝布置范围÷分布筋间距＋1

$$=\frac{(19.1-2\times 起步距离)}{0.15}+1$$

$$=\frac{19.1-2\times \min\left\{\dfrac{S}{2},\ 0.075\right\}}{0.15}+1$$

$$=\frac{(19.1-2\times 0.075)}{0.15}+1$$

＝126.3＋1＝127.3(根)，取 128 根

·①轴处 TJB_J03 受力筋总长＝1.92×128＝245.76(m)

②轴处 TJB_J03 中Ⓓ轴线外侧为无交接底板，所以，该处除沿板纵向布置受力筋外，还应沿着板横向布置附加受力筋。附加受力筋直径、间距同受力筋，即采用 Φ18@150。

①轴处 TJB_J03 中Ⓓ轴线外侧附加受力筋单根长

＝TJB_J03 宽度－保护层厚度

＝2－0.04＝1.96(m)

①轴处 TJB_J03 中Ⓓ轴线外侧附加受力筋根数

＝(TJB_J03 宽度－2×起步距离)÷受力筋间距＋1

＝(2－2×0.075)÷0.15＋1

＝12.3＋1＝13.3(根)，取 14 根

①轴处 TJB_J03 中Ⓓ轴线外侧附加受力筋总长＝1.96×14＝27.44(m)

①轴处 TJB_J03 中距离板内侧边缘$\frac{1}{4}$宽度范围内分布筋单根(排)长

＝4.5＋0.04×2＋0.15×2＋4.5＋0.04×2＋0.15×2

＝9.76(m)

①轴处 TJB_J03 中距离板内侧边缘$\frac{1}{4}$宽度范围外分布筋单根(排)长

单根长(直接贯通分布筋)

＝19.1－2＋0.04＋0.15－0.04－1.96＋0.15

＝15.44(m)

①轴处 TJB$_J$03 中距离板内侧边缘$\frac{1}{4}$宽度范围内分布筋根数

$$=\frac{\text{布置范围}}{\text{分布筋间距}}+1$$

$$=\left(\frac{1}{4}\times 2-\text{起步距离}\right)\div\text{分布筋间距}+1$$

$$=\left(\frac{1}{4}\times 2-0.075\right)\div 0.2+1$$

$$=3.125[\text{根(排)}]$$

取 3 根(排)[因为从①轴处 TJB$_J$03 内侧边缘起的第 4 根(排)分布筋已经超过$\frac{1}{4}$倍宽度范围,所以,计算结果应取 3]。

①轴处 TJB$_J$03 中①轴上 JL02 外侧贯通分布筋根数

$$=\frac{\text{布置范围}}{\text{分布筋间距}}+1$$

$$=\frac{1-\frac{1}{2}\times\text{JL02}-2\times\min\left\{\frac{S}{2},\ 75\ \text{mm}\right\}}{\text{分布筋间距}}+1$$

$$=\frac{1-\frac{1}{2}\times 0.3-2\times\min\left\{\frac{0.2}{2},\ 75\ \text{mm}\right\}}{0.2}+1$$

$$=4.5(\text{根}),\ \text{取 5 根}$$

①轴处 TJB$_J$03 中①轴上 JL02 内侧贯通分布筋根数

$$=\frac{1-\frac{1}{2}\times\text{JL02}-2\times\min\left\{\frac{S}{2},\ 75\ \text{mm}\right\}}{\text{分布筋间距}}+1-3$$

$$=\frac{1-\frac{1}{2}\times 0.3-2\times\min\left\{\frac{0.2}{2},\ 75\ \text{mm}\right\}}{0.2}+1-3$$

$$=5-3=2(\text{根})$$

①轴处 TJB$_J$03 中 1 轴贯通分布筋根数

=①轴处 TJB$_J$03 中 1 轴上 JL02 外侧贯通分布筋根数+①轴处 TJB$_J$03 中 1 轴上 JL02 内侧贯通分布筋根数

$$=5+2=7(\text{根})$$

①轴处 TJB$_J$03 中距离板内侧边缘$\frac{1}{4}$宽度范围内分布筋总长度合计

$$=9.76\times 3=29.28(\text{m})$$

①轴处 TJB$_J$03 中距离板内侧边缘$\frac{1}{4}$宽度范围外分布筋(直接贯通分布筋)总长度合计$=15.44\times 7=108.08(\text{m})$

①轴处 TJB$_J$03 中分布筋合计$=29.28+108.08=137.36(\text{m})$

①轴处 $TJB_J03$ 中钢筋排布如图 9-17 所示。

同理可知：④轴处 $TJB_J03$ 中钢筋排布同①轴线处 $TJB_J03$ 中钢筋呈对称布置，因此，④轴线处 $TJB_J03$ 中受力筋长度合计为：245.76 m；④轴线处 $TJB_J03$ 中附加受力筋长度合计为：27.44 m；④轴线处 $TJB_J03$ 中分布筋长度合计为：137.36 m。

②轴处 $TJB_J04$ 底筋（B：$\Phi16@150/\Phi10@200$）

②轴处 $TJB_J04$ 受力钢筋单根长

=条形基础宽-2×基础保护层厚度

=2-2×0.04=1.92(m)

②轴处 $TJB_J04$ 受力钢筋根数

$$=\left[\left(4.5+\frac{1}{4}\times TJB_J01\ 宽度+\frac{1}{4}\times TJB_J02\ 宽度\right)\div0.15+1\right]+$$

$$\left[\left(4.5+\frac{1}{4}\times TJB_J01\ 宽度+\frac{1}{4}\times TJB_J02\ 宽度\right)\div0.15+1\right]+$$

$$\left[\left(1.1-起步距离+\frac{1}{4}\times TJB_J01\ 宽度\right)\div0.15+1\right]$$

$$=\left[\left(4.5+\frac{1}{4}\times2+\frac{1}{4}\times5\right)\div0.15+1\right]+$$

$$\left[\left(4.5+\frac{1}{4}\times2+\frac{1}{4}\times5\right)\div0.15+1\right]+$$

$$\left[\left(1.1-0.075+\frac{1}{4}\times2\right)\div0.15+1\right]$$

=42.7+42.7+11.2(计算结果取整加1，取43+43+12)

=98(根)

②轴处 $TJB_J04$ 受力筋总长=1.92×98=188.16(m)

②轴处 $TJB_J04$ 中Ⓓ轴线外侧为无交接底板，所以该处除沿板纵向布置受力筋外，还应沿着板横向布置附加受力筋。附加受力筋直径、间距同受力筋，即采用 $\Phi16@150$。

②轴处 $TJB_J04$ 中Ⓓ轴线外侧附加受力筋单根长=$TJB_J04$ 宽度-保护层厚度=2-0.04=1.96(m)

②轴处 $TJB_J04$ 中Ⓓ轴线外侧附加受力筋根数

=（$TJB_J04$ 宽度-2×起步距离）÷受力筋间距+1

=(2-2×0.075)÷0.15+1

=12.3+1=13.3(根)

取 14 根

②轴处 $TJB_J04$ 中Ⓓ轴线外侧附加受力筋总长=1.96×14=27.44(m)

②轴处 $TJB_J04$ 中分布筋单根(排)长

=4.5+0.04×2+0.15×2+4.5+0.04×2+0.15×2=9.76(m)

②轴处 $TJB_J04$ 中分布筋总根(排)数

$$=\left[\frac{1-\frac{1}{2}\times JL02\ 宽度-2\times\min\left\{\frac{S}{2},\ 75\ mm\right\}}{分布筋间距}+1\right]\times 2$$

$$=\left[\frac{1-\frac{1}{2}\times 0.3-2\times\min\left\{\frac{0.2}{2},\ 75\ mm\right\}}{0.2}+1\right]\times 2$$

$=4.5\times 2$(计算结果取整加1,取$5\times 2$)

$=10$[根(排)]

②轴处 $TJB_J04$ 中分布筋总长度合计$=9.76\times 10=97.6$(m)

②轴处 $TJB_J04$ 中钢筋排布如图 9-18 所示。

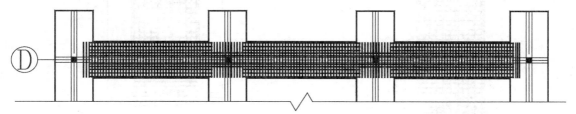

图 9-14　①轴处 $TJB_J01$ 中钢筋排布图

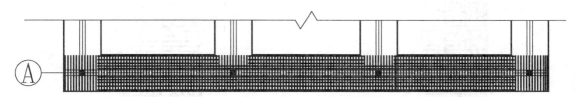

图 9-15　Ⓐ轴处 $TJB_J01$ 中钢筋排布图

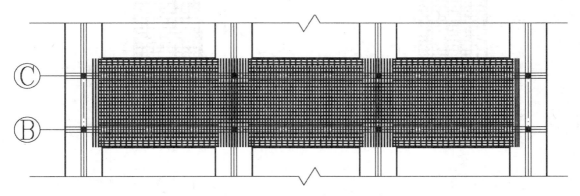

图 9-16　Ⓑ、Ⓒ轴处 $TJB_J02$ 中钢筋排布图

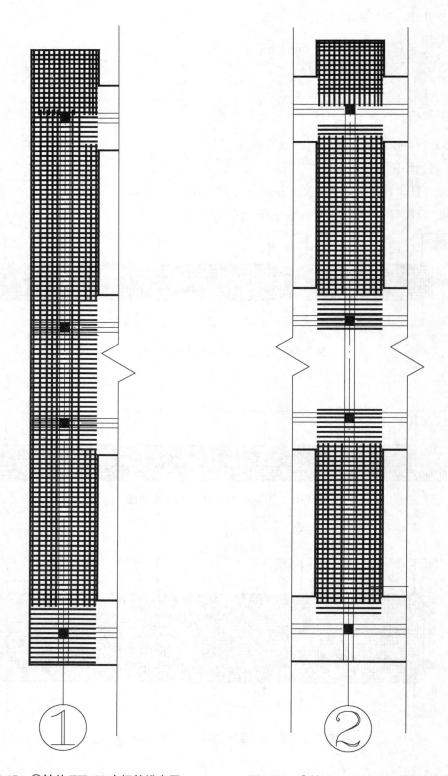

图 9-17 ①轴处 TJB₁03 中钢筋排布图          图 9-18 ②轴处 TJB₁04 中钢筋排布图

同理，③轴处 TJB$_J$04 中钢筋排布同②轴线处 TJB$_J$04 中钢筋排布呈对称布置，因此，③轴线处 TJB$_J$04 中受力筋长度合计为：188.16 m；④轴线处 TJB$_J$04 中附加受力筋长度合计为：27.44 m；④轴线处 TJB$_J$04 中分布筋长度合计为：97.6 m。

将计算数据汇总成表，见表 9-1，条基础顶板长钢筋汇总表。

表 9-1　条基础顶板长钢筋汇总表

| 位置 | 基础名称 | 钢筋类型 | Φ10/m | Φ12/m | Φ14/m | Φ16/m | Φ18/m | Φ20/m | Φ22/m |
|---|---|---|---|---|---|---|---|---|---|
| ⑩轴线 | TJB$_J$01 | 受力筋 |  |  |  |  |  | 297.6 |  |
|  |  | 分布筋 |  |  | 204.36 |  |  |  |  |
| Ⓐ轴线 | TJB$_J$01 | 受力筋 |  |  |  |  |  | 334.08 |  |
|  |  | 分布筋 |  |  | 214.08 |  |  |  |  |
| Ⓑ、Ⓒ轴线 | TJB$_J$02 | 受力筋 |  |  |  |  |  |  | 691.38 |
|  |  | 分布筋 |  |  | 498.24 |  |  |  |  |
| ①轴线 | TJB$_J$03 | 受力筋 |  |  |  |  | 245.76 |  |  |
|  |  | 附加受力筋 |  |  |  |  | 27.44 |  |  |
|  |  | 分布筋 |  | 137.36 |  |  |  |  |  |
| ④轴线 | TJB$_J$03 | 受力筋 |  |  |  |  | 245.76 |  |  |
|  |  | 附加受力筋 |  |  |  |  | 27.44 |  |  |
|  |  | 分布筋 |  | 137.36 |  |  |  |  |  |
| ②轴线 | TJB$_J$04 | 受力筋 |  |  |  | 188.16 |  |  |  |
|  |  | 附加受力筋 |  |  |  | 27.44 |  |  |  |
|  |  | 分布筋 | 97.6 |  |  |  |  |  |  |
| ③轴线 | TJB$_J$04 | 受力筋 |  |  |  | 188.16 |  |  |  |
|  |  | 附加受力筋 |  |  |  | 27.44 |  |  |  |
|  |  | 分布筋 | 97.6 |  |  |  |  |  |  |
| 合计/m |  |  | 195.2 | 274.72 | 418.44 | 929.44 | 546.4 | 631.68 | 691.38 |

▶ 课后习题

1. 图 9-19 所示为某二阶非对称单柱独立基础平面图，其基础混凝土强度等级为 C35，一类环境，抗震等级为二级，其他相关信息如图 9-19 所示。试计算基础钢筋工程量。

2. 图 9-20 所示为某二阶对称双柱独立基础平面图，其基础混凝土强度等级为 C35，一类环境，抗震等级为三级，其他相关信息如图 9-20 所示。试计算基础钢筋工程量。

3. 图 9-21 所示为某条形基础结构平面图，基础混凝土强度等级为 C35，一类环境，抗震等级为三级，其他相关信息如图 9-21 所示。试计算基础钢筋工程量。

参考答案

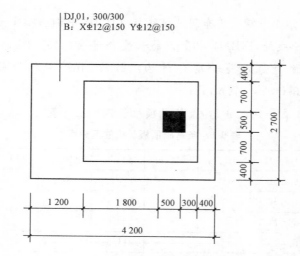

图 9-19　某二阶非对称单柱独立基础平面图

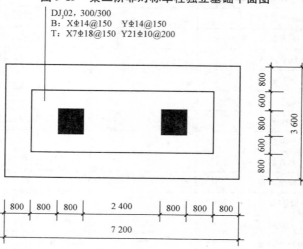

图 9-20　某二阶对称双柱独立基础平面图

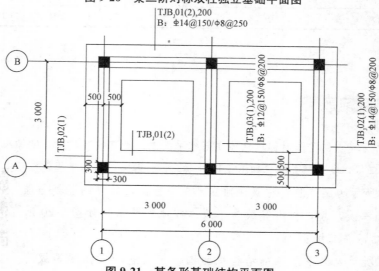

图 9-21　某条形基础结构平面图

# 项目十　剪力墙构件钢筋的识读

**项目描述**

通过识读剪力墙平法表达图，掌握剪力墙平法施工图制图规则。

**任务描述**

识读 16G101—1 第 22 页、23 页剪力墙平法施工图（图 10-1、图 10-2），掌握剪力墙构件钢筋名称。

**拟达到的教学目标**

知识目标：

1. 剪力墙构件的组成；

2. 剪力墙构件的代号；

3. 剪力墙构件的平法表达方法。

能力目标：

能够识读剪力墙平法施工图。

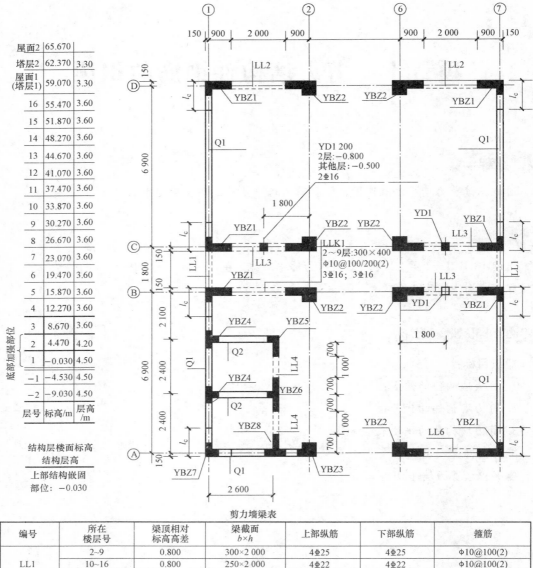

剪力墙梁表

| 编号 | 所在楼层号 | 梁顶相对标高高差 | 梁截面 $b \times h$ | 上部纵筋 | 下部纵筋 | 箍筋 |
|---|---|---|---|---|---|---|
| LL1 | 2~9 | 0.800 | 300×2000 | 4Φ25 | 4Φ25 | Φ10@100(2) |
|  | 10~16 | 0.800 | 250×2000 | 4Φ22 | 4Φ22 | Φ10@100(2) |
|  | 屋面1 |  | 250×1200 | 4Φ20 | 4Φ20 | Φ10@100(2) |
| LL2 | 3 | −1.200 | 300×2520 | 4Φ25 | 4Φ25 | Φ10@150(2) |
|  | 4 | −0.900 | 300×2070 | 4Φ25 | 4Φ25 | Φ10@150(2) |
|  | 5~9 | −0.900 | 300×1770 | 4Φ25 | 4Φ25 | Φ10@150(2) |
|  | 10~屋面1 | −0.900 | 250×1770 | 4Φ22 | 4Φ22 | Φ10@150(2) |
| LL3 | 2 |  | 300×2070 | 4Φ25 | 4Φ25 | Φ10@100(2) |
|  | 3 |  | 300×1770 | 4Φ25 | 4Φ25 | Φ10@100(2) |
|  | 4~9 |  | 300×1170 | 4Φ25 | 4Φ25 | Φ10@100(2) |
|  | 10~屋面1 |  | 250×1170 | 4Φ22 | 4Φ22 | Φ10@100(2) |
| LL4 | 2 |  | 250×2070 | 4Φ20 | 4Φ20 | Φ10@120(2) |
|  | 3 |  | 250×1770 | 4Φ20 | 4Φ20 | Φ10@120(2) |
|  | 4~屋面1 |  | 250×1170 | 4Φ20 | 4Φ20 | Φ10@120(2) |
| AL1 | 2~9 |  | 300×600 | 3Φ20 | 3Φ20 | Φ8@150(2) |
|  | 10~16 |  | 250×500 | 3Φ18 | 3Φ18 | Φ8@150(2) |
| BKL1 | 屋面1 |  | 500×750 | 4Φ22 | 4Φ22 | Φ10@150(2) |

−0.030~12.270剪力墙平法施工图

图 10-1　剪力墙平面图——平面图及墙梁表、墙身表

剪力墙柱表

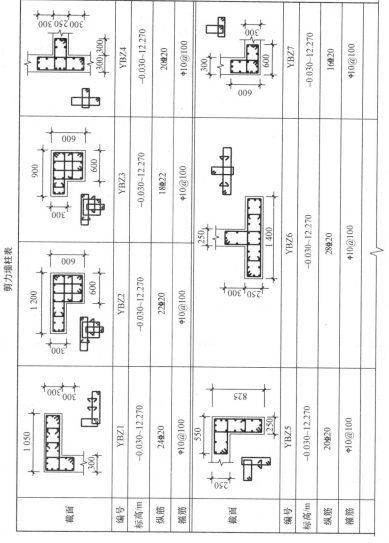

-0.030~12.270剪力墙平法施工图(部分剪力墙柱表)

**图 10-2　剪力墙平面图——墙柱表**

### 链接之一：剪力墙的组成及编号

剪力墙由墙柱、墙身、墙梁组成（图 10-3）（剪力墙的识读方法可参照梁柱构件识读方法）。墙柱及墙梁编号分别见表 10-1 和表 10-2。

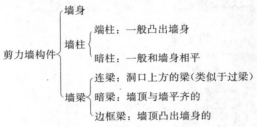

图 10-3　剪力墙构件

表 10-1　墙柱编号

| 墙柱类型 | 代号 | 序号 |
|---|---|---|
| 约束边缘构件 | YBZ | ×× |
| 构造边缘构件 | GBZ | ×× |
| 非边缘暗柱 | AZ | ×× |
| 扶壁柱 | FBZ | ×× |

表 10-2　墙梁编号

| 墙梁类型 | 代号 | 序号 |
|---|---|---|
| 连梁 | LL | ×× |
| 连梁（对角暗撑配筋） | LL(JC) | ×× |
| 连梁（交叉斜筋配筋） | LL(JX) | ×× |
| 连梁（集中对角斜筋配筋） | LL(DX) | ×× |
| 连梁（跨高比不小于 5） | LLk | ×× |
| 暗梁 | AL | ×× |
| 边框梁 | BKL | ×× |

注：1. 在具体工程中，当某些墙身需设置暗梁或边框梁时，宜在剪力墙平法施工图中绘制暗梁或边框梁的平面布置图并编号，以明确其具体位置。

2. 跨高比不小于 5 的连梁按框架梁设计时，代号为 LLk。

### 链接之二：剪力墙的识图方法

注写方式分为列表注写方式或截面注写方式。

列表注写方式是分别在剪力墙墙柱表、剪力墙墙身表和剪力墙墙梁表中，对应于剪力墙平面布置图上的编号，用绘制截面配筋图并注写几何尺寸与配筋具体数值的方式，来表达剪力墙平法施工图。

截面注写方式是在分标注层绘制的剪力墙平面布置图上，以直接在墙柱、墙身、墙梁上注写截面尺寸和配筋具体数值的方式来表达剪力墙平法施工图。

平法施工图读图方法。

(1)洞口表达方法。

1)JD2　400×300+3.100　3$\Phi$14，表示 2 号矩形洞口，洞宽 400 mm，洞高 300 mm，洞口中心距本结构层楼面 3 100 mm，洞口每边补强钢筋为 3$\Phi$14。

2)JD3　400×300+3.100，表示 3 号矩形洞口，洞宽 400 mm，洞高 300 mm，洞口中心距本结构层楼面 3 100，洞口每边补强钢筋按构造配置。

3)JD4　800×300+3.100　3$\Phi$18/3$\Phi$14，表示 4 号矩形洞口，洞宽 800 mm，洞高 300 mm，洞口中心距本结构层楼面 3 100 mm，洞宽方向补强钢筋为 3$\Phi$18，洞高方向补强钢筋为 3$\Phi$14。

4)JD5　1 000×900+1.400　6$\Phi$20　$\phi$8@150 表示 5 号矩形洞口，洞宽 1 000 mm、洞高 900 mm，洞口中心距本结构层楼面 1 400 mm，洞口上下设置补墙暗梁，每边暗梁纵筋为 6$\Phi$20，箍筋为 $\phi$8@150。

5)YD5　1 000+1.800　6$\Phi$20　$\phi$8@150　2$\Phi$16，表示 5 号圆形洞口，直径 1 000 mm，洞口中心距本结构层楼面 1 800 mm，洞口上下设置补墙暗梁，每边暗梁纵筋为 6$\Phi$20，箍筋为 $\phi$8@150，环向加强钢筋 2$\Phi$16。

(2)当墙身水平分部钢筋不能满足连梁、暗梁及边框梁的梁侧边纵向构造钢筋的要求时，应补充注明梁侧面纵筋的具体数值；注写时，以大写字母 N 打头，接续注写直径与间距，其在支座内的锚固要求同连梁中受力筋。

例如：N$\Phi$10@150，表示墙梁两个侧面纵筋对称配置，强度级别为 HRB400 级钢筋，直径为 10 mm，间距为 150 mm。

(3)地下室外墙的表示方式：

地下室外墙编号，由墙身代号、序号组成。表达式为：DWQ××。

地下室外墙平面注写方式，包括集中标注墙体编号、厚度、贯通筋、拉筋等和原位标注附加非贯通筋两部分内容。当仅设置贯通筋，未设置附加非贯通筋时，则仅做集中标注。

地下室外墙的集中标注，规定如下：

1)注写地下室外墙编号，包括代号、序号、墙身长度(注为××~××轴)。

2)注写地下室外墙厚度 $b_w$=×××。

3)注写地下室外墙的外侧、内侧贯通筋和拉筋。

①以 OS 代表外墙外侧贯通筋。其中，外侧水平贯通筋以 H 打头注写，外侧竖向贯通筋筋以 V 打头注写。

②以 IS 代表外墙内侧贯通筋。其中，内侧水平贯通筋以 H 打头注

写，内侧竖向贯通筋以 V 打头注写。

③以 tb 打头注写拉筋直径、强度等级及间距，并注明"矩形"或"梅花"。

DWQ2(①~⑥)，$b_w$＝300

OS：H⊈18@200，V⊈20@200

IS：H⊈16@200，V⊈18@200

tb：Φ6@400@400 双向

表示 2 号外墙，长度范围为①~⑥之间，墙厚为 300 mm；外侧水平贯通筋为 ⊈18@200，竖向贯通筋为 ⊈20@200；内侧水平贯通筋为 ⊈16@200，竖向贯通筋为 ⊈18@200；拉结筋为 Φ6，矩形布置，水平间距为 400 mm，竖向间距为 400 mm。

▶ 课后习题

如图 10-4 所示，已知剪力墙 Q1，其标高为－1.2 ~9 m，墙厚为 200 mm，水平分布筋采用直径为 14 mm、间距为 180 mm 的 HRB335 级钢筋，竖直分布筋采用直径为 14 mm、间距为 180 mm 的 HRB335 级钢筋，拉筋采用直径为 6 mm、间距为 500 mm×500 mm 的梅花双向的 HPB300 级钢筋。暗梁 AL1，其截面尺寸为 200 mm×600 mm，上部纵筋采用 3 根直径为 20 mm 的 HRB335 级钢筋，下部纵筋采用 3 根直径为 20 mm 的 HRB335 级钢筋，箍筋采用直径为 10 mm、间距为 150 mm 的 HPB300 级钢筋。构造边缘柱 GBZ1，标高为－1.2~9 m，纵筋采用 12 根直径为 20 mm 的 HRB335 级钢筋，箍筋采用直径为 10 mm、间距为 100 mm 的 HPB300 级钢筋；GBZ2，标高为－1.2~9 m，纵筋采用 12 根直径为20 mm 的 HRB335 级钢筋，箍筋采用直径为 10 mm、间距为 100 mm 的 HPB300 级钢筋。

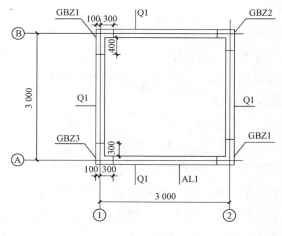

图 10-4　剪力墙 Q1

根据上述描述，完成以下表格。

| 编号 | 标高 | 墙厚 | 水平分布筋 | 竖直分布筋 | 拉筋（梅花双向） |
|------|------|------|------------|------------|------------------|
|      |      |      |            |            |                  |
|      |      |      |            |            |                  |

| 编号 | 截面尺寸 | 上部纵筋 | 下部纵筋 | 箍筋 |
|------|----------|----------|----------|------|
|      |          |          |          |      |
|      |          |          |          |      |

| 编号 | 标高 | 纵筋 | 箍筋 |
|------|------|------|------|
|      |      |      |      |
|      |      |      |      |

参考答案

# 项目十一　剪力墙钢筋工程量的计算

通过计算剪力墙钢筋的工程量，了解剪力墙钢筋的组成及名称，并掌握剪力墙钢筋的计算方法。

**任务描述**

计算图 11-1 所示剪力墙钢筋工程量。

**拟达到的教学目标**

**知识目标：**

剪力墙钢筋计算方法。

**能力目标：**

能够计算剪力墙钢筋工程量。

**项目支撑知识链接**

**项目简介**

剪力墙计算项目

某剪力墙结构房屋，局部结构平面图如图 11-1 所示。剪力墙墙身表、剪力墙墙梁表、剪力墙墙柱表分别见表 11-1、表 11-2、表 11-3。抗震等级为二级，墙身、墙柱、墙梁混凝土强度等级均为 C40。标高 3 m 处钢筋混凝土板厚为 120 mm，混凝土强度等级为 C25，计算剪力墙结构钢筋工程量。

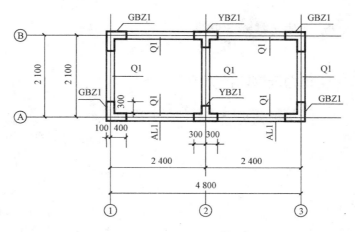

图 11-1　剪力墙平面布置图

表 11-1　剪力墙墙身表

| 编号 | 标高/m | 墙厚/mm | 水平分部筋 | 竖直分布筋 | 拉筋（双向） |
|---|---|---|---|---|---|
| Q1 | −0.03～3 | 200 | $\Phi$12@200 | $\Phi$12@200 | $\phi$8@600@600 |

表 11-2　剪力墙墙梁表

| 编号 | 梁截面尺寸 $b×h$ | 上部纵筋 | 下部纵筋 | 箍筋 |
|---|---|---|---|---|
| AL1 | 200×500 | 3$\Phi$18 | 3$\Phi$18 | $\phi$8@150 |

表 11-3　剪力墙墙柱表

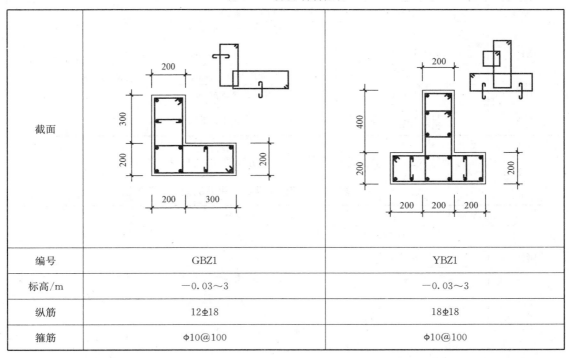

| 截面 | | |
|---|---|---|
| 编号 | GBZ1 | YBZ1 |
| 标高/m | −0.03～3 | −0.03～3 |
| 纵筋 | 12$\Phi$18 | 18$\Phi$18 |
| 箍筋 | $\phi$10@100 | $\phi$10@100 |

## 剪力墙钢筋计算规则

剪力墙钢筋组成分析如图 11-2 所示。

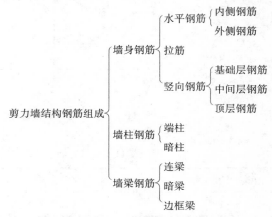

**图 11-2　剪力墙钢筋组成分析**

（1）剪力墙墙身水平内侧钢筋计算方法见表 11-4。

**表 11-4　剪力墙墙身水平内侧钢筋计算方法表**

| 剪力墙墙身水平内侧钢筋 | | 计算要点 | 出处 |
|---|---|---|---|
| 无暗柱 | 一字型墙 | 伸到墙边缘弯折 10$d$ | 参见 16G101—1 图集第 71 页、72 页 |
| 暗柱 | 一字型暗柱 | 伸到暗柱边缘弯折 10$d$ | |
| | 转角墙暗柱 | 伸到暗柱边缘弯折 15$d$ | |
| | 翼墙暗柱 | 伸到暗柱边缘弯折 15$d$ | |
| 端柱 | 剪力墙端柱 | 伸到端柱边缘弯折 15$d$ | |
| 根数 | $\dfrac{布置范围}{钢筋间距}+1$ | 起步距离为 $\dfrac{1}{2}$ 水平钢筋间距 | |

（2）剪力墙墙身水平外侧钢筋计算方法见表 11-5。

**表 11-5　剪力墙墙身水平外侧钢筋计算方法表**

| 剪力墙墙身水平外侧钢筋 | | 计算要点 | 出处 |
|---|---|---|---|
| 暗柱 | 一字型暗柱 | 伸到暗柱边缘弯折 10$d$ | 参见 16G101—1 图集第 71 页、72 页 |
| | 转角墙暗柱 | 直接贯通 | |
| | 翼墙暗柱 | 伸到暗柱边缘弯折 15$d$ | |
| 端柱 | 剪力墙端柱 | 伸到端柱边缘弯折 15$d$ | |
| 根数 | $\dfrac{布置范围}{钢筋间距}+1$ | 起步距离为 $\dfrac{1}{2}$ 水平钢筋间距 | |

（3）剪力墙墙身竖向钢筋计算方法见表11-6。

**表 11-6　剪力墙墙身竖向钢筋计算方法表**

| 墙身竖向钢筋总结 | | | | 出处 |
|---|---|---|---|---|
| 剪力墙在基础内的插筋 | 基础 | 满足直锚，即 $h_j > l_{aE}$ | 墙部分插筋采用伸至基础底部位置并做弯折 $\max\{6d, 150\ \text{mm}\}$ | 参见 16G101—3 图集第 64、65 页 |
| | | 不满足直锚，即 $h_j \leqslant l_{aE}$ | 墙部分插筋采用伸至基础底部位置并做弯折 15$d$ | 参见 16G101—3 图集第 64、65 页 |
| 中间层长度 | 无变截面 | 施工长度应为：层高－本层非连接区高度＋伸入上层非连接区高度（错开连接，错开 35$d$）。预算长度不考虑搭接 | | 参见 16G101—1 图集第 73 页 |
| | 变截面 | 下层竖向筋剪力墙变截面处穿楼板（截面大的伸到截面小的） | 下层墙身竖向钢筋至变截面处内侧弯折 12$d$ | 参见 16G101—1 图集第 74 页 |
| | | 上层竖向筋剪力墙变截面处穿楼板（截面小的伸到截面大的） | 伸至下层 1.2$l_{aE}$ | 参见 16G101—1 图集第 74 页 |
| 顶层长度 | 剪力墙遇屋面板、楼板 | 伸到楼板顶弯折 12$d$<br>伸至下层 1.2$l_{aE}$ | | 参见 16G101—1 图集第 74 页 |
| | 剪力墙遇边框梁 | 伸入梁内 $l_{aE}$ | | 参见 16G101—1 图集第 74 页 |
| | 剪力墙遇连梁 | 向下伸入连梁 $l_{aE}$ | | 参见 16G101—1 图集第 74 页 |
| 竖向钢筋根数 | 端部为构造型柱 | $\dfrac{墙净长－起步距离×2}{间距}+1$ | 起步距离为 $\dfrac{1}{2}$ 竖向钢筋间距 | 参见 16G101—1 图集第 75 页 |
| | 端部为约束型柱 | 约束型柱扩展部位单独计算 | | 参见 16G101—1 图集第 75 页 |
| | | 剩下的：<br>$\dfrac{墙净长－起步距离×2}{间距}+1$（此时的净长＝墙长－约束柱核心部位宽－约束柱扩展部位宽） | 起步距离为 $\dfrac{1}{2}$ 竖向钢筋间距 | 参见 16G101—1 图集第 75 页 |

（4）墙身拉筋单根长度＝（构件宽度－2×保护层厚度）＋2×1.9$d$＋2×5$d$。

（5）剪力墙墙柱：端柱钢筋计算方法参见框架柱计算方法；暗柱纵向钢筋计算方法同墙身竖向钢筋计算方法。

（6）剪力墙墙梁钢筋计算方法见表11-7。

**表 11-7 剪力墙墙梁钢筋计算方法表**

| | | 墙梁内部钢筋计算 | 出处 |
|---|---|---|---|
| 仅有<br>连梁 | 无边框梁时端部<br>单洞口连梁 A | 连梁纵筋长度＝洞口宽＋墙端支座锚固＋中间支座锚固<br>端支座锚固能直锚，则直锚，锚固长度＝max{$l_{aE}$，600 mm}；不能直锚，则弯锚，锚固长度＝支座宽－保护层厚度＋15$d$。<br>中间支座锚固取 max{$l_{aE}$，600 mm} | 参见 16G101—1 图集第 78 页 |
| | | 中间层连梁箍筋根数＝(洞口宽－50 mm×2)/间距＋1 | |
| | | 顶层连梁箍筋根数＝洞口宽度范围内箍筋根数＋锚固范围内箍筋根数＝(洞口宽－50 mm×2)/间距＋1＋[(左端直锚长度－0.1－0.05)/0.15＋1]＋[(右端直锚长度－0.1－0.05)/0.15＋1] | |
| | | 箍筋长度的计算同框架梁 | |
| | 无边框梁时中部<br>单洞口连梁 B | 连梁纵筋长度＝洞口宽＋锚固×2<br>锚固取 max{$l_{aE}$，600 mm} | 参见 16G101—1 图集第 78 页 |
| | | 中间层连梁箍筋根数＝(洞口宽－50 mm×2)/间距＋1<br>顶层连梁箍筋根数＝洞口宽度范围内箍筋根数＋锚固范围内箍筋根数＝(洞口宽－50 mm×2)/间距＋1＋[(max{$l_{aE}$，600 mm}－0.1－0.05)/0.15＋1]×2 | |
| | | 箍筋长度的计算同框架梁 | |
| | 无边框梁时中部<br>双洞口连梁 C | 连梁纵筋长度＝左边洞口左侧到右边洞口右侧距离＋锚固×2<br>锚固取 max{$l_{aE}$，600 mm} | 参见 16G101—1 图集第 78 页 |
| | | 中间层连梁箍筋根数＝[(左边洞口宽－50 mm×2)/间距＋1]＋[(右边洞口宽－50 mm×2)/间距＋1]<br>顶层连梁箍筋根数＝[(左边洞口宽－50 mm×2)/间距＋1]＋[(右边洞口宽－50 mm×2)/间距＋1]＋[(max{$l_{aE}$，600 mm}－0.1－0.05)/0.15＋1]×2＋左边洞口右侧到右边洞口左侧的距离/间距－1 | |
| | | 箍筋长度的计算同框架梁 | |

| | | | |
|---|---|---|---|
| 有边框梁或暗梁与连梁重叠 | 有边框梁或暗梁时连梁钢筋计算(顶层) | 连梁纵筋的计算长度同无边框梁时连梁计算。 | 参见 16G101—1 图集第 79 页 |
| | | 连梁箍筋根数=[(洞口宽+2×max{$l_{aE}$, 600 mm})-50 mm×2]/间距+1 | |
| | | 连梁箍筋长度计算值同框架梁 | |
| | 有边框梁或暗梁时连梁钢筋计算(中间层) | 连梁纵筋的计算长度同无边框梁时连梁计算。 | 参见 16G101—1 图集第 79 页 |
| | | 连梁箍筋根数=(洞口宽-50 mm×2)/间距+1 | |
| | | 连梁箍筋长度计算值同框架梁 | |
| | 边框梁与连梁重叠时边框梁钢筋计算(顶层) | 边框梁纵筋同屋面框架梁纵筋 | 参见 16G101—1 图集第 79 页 |
| | | 边框梁箍筋同框架梁箍筋 | |
| | 边框梁与连梁重叠时边框梁钢筋计算(中间层) | 边框梁纵筋同楼层框架梁纵筋 | 参见 16G101—1 图集第 79 页 |
| | | 边框梁箍筋同框架梁箍筋 | |
| | 暗梁与连梁重叠时暗梁钢筋计算(顶层) | 暗梁纵筋同屋面框架梁 | 参见 16G101—1 图集第 79 页 |
| | | 暗梁箍筋同框架梁箍筋 | |
| | 暗梁与连梁重叠时暗梁钢筋计算(中间层) | 暗梁纵筋同楼层框架梁 | 参见 16G101—1 图集第 79 页 |
| | | 暗梁箍筋同框架梁箍筋 | 参见 16G101—1 图集第 79 页 |
| 仅边框梁 | 计算方法同框架梁 | | 参见 16G101—1 图集第 79 页 |
| 仅暗梁 | 暗梁纵筋同墙身水平钢筋，箍筋同框架梁箍筋 | | 参见 16G101—1 图集第 79 页 |

**项目实施**

剪力墙钢筋工程量计算过程：

**解：**

(1)墙身。

1)竖向钢筋：

竖向钢筋单根长：3+0.03-0.015+12×0.012=3.16(m)

竖向钢筋根数：

①轴线上竖向钢筋根数：[(2.1-0.4-0.4-0.1×2)/0.2+1]×2=14(根)

③轴线上竖向钢筋根数同一轴线上竖向钢筋根数也为 14 根。

②轴线上竖向钢筋根数：[(2.1-0.5-0.5-0.1×2)/0.2+1]×2=12(根)

Ⓐ轴线上竖向钢筋根数：[(2.4−0.4−0.3−0.1×2)/0.2+1]×2×2=36(根)

Ⓑ轴线上竖向钢筋根数同Ⓐ轴线上竖向钢筋根数为36根。

竖向钢筋根数共14+14+12+36+36=112(根)

竖向钢筋总长：3.16×112=353.92(m)

2)水平钢筋：

外侧水平钢筋单根长：①、③、Ⓐ、Ⓑ轴线上贯通布置

=(2.1+0.1×2+4.8+0.1×2)×2−0.015×8=14.48(m)

根数：(3+0.03−0.1×2)/0.2+1=16(根)

水平钢筋①、③、Ⓐ、Ⓑ外侧总长：14.48×16=231.68(m)

①、③、Ⓐ、Ⓑ内侧水平钢筋每排长度：

[(2.1+0.1×2−0.015×2+15×0.012×2)+(4.8+0.1×2−0.015×2+15×0.012×2)]×2=15.92(m)

排数同上16排。

①、③、Ⓐ、Ⓑ内侧水平钢筋总长：15.92×16=254.72(m)

②轴上都为内侧钢筋其单排长为

(2.1+0.1×2−0.015×2+15×0.012×2)×2=5.26(m)

②轴上内侧钢筋排数=16排

②轴上内侧钢筋总长为：5.26×16=84.16(m)

水平钢筋总长=231.68+254.72+84.16=570.56(m)

3)拉筋：

Q1拉筋单根长：0.2−0.015×2+2×1.9×0.008+5×0.008
=0.28(m)

每一列拉筋根数：(3+0.03−0.2)/0.6+1=6(根)

布置拉筋列数：[(2.4−0.4−0.3−0.2)/0.6+1]×4+[(2.1−0.4−0.4−0.2)/0.6+1]×2+(2.1−0.5−0.5−0.2)/0.6+1=25(列)

拉筋总根数：25×6=150(根)

总长=0.28×150=42(m)

(2)墙柱：

1)纵筋：

纵筋单根长=3+0.03−0.02+12×0.018=3.226(m)

墙柱纵筋根数：12×4+18×2=84(根)

墙柱纵筋总长：3.226×84=270.984(m)

2)箍筋：

每个GBZ中复合箍筋根数=(3+0.03−0.05×2)/0.1+1=31(根)

每个YBZ中复合箍筋根数=(3+0.03−0.05×2)/0.1+1=31(根)

每个 GBZ 中复合箍筋单根长：$[(0.2+0.5)\times2-8\times0.02+2\times11.9\times0.01]\times2+[0.2-0.02\times2+2\times11.9\times0.01]\times2=3.75(m)$

每个 YBZ 中复合箍筋单根长：$[(0.2+0.6)\times2-8\times0.02+2\times11.9\times0.01]\times2+(0.2-0.02\times2+2\times11.9\times0.01)\times2+[(0.6-0.02\times2-0.01\times2-0.018)/4+0.018+0.01\times2+0.2-0.02\times2]\times2+2\times11.9\times0.01=5.05(m)$

墙柱箍筋总长 $=3.75\times31\times4+5.05\times31\times2=778.1(m)$

（3）墙梁：

1）纵筋：

AL1 中纵筋单根长：$2.4\times2+0.1\times2-0.02\times2+15\times0.018\times2=5.5(m)$

AL1 中纵筋根数：$3+3=6(根)$

AL1 中纵筋总长：$5.5\times6=33(m)$

2）箍筋：

AL1 中箍筋单根长：$(0.2+0.5)\times2-8\times0.02+2\times11.9\times0.008=1.43(m)$

AL1 中箍筋根数：$[(2.4-0.3-0.4-0.05\times2)/0.15+1]\times2=24(根)$

AL1 中箍筋总长：$1.43\times24=34.32(m)$

▶ 课后习题

如图 11-3 所示为一剪力墙结构的电梯井，抗震等级为三级，一类环境，墙身、墙柱、墙梁、基础、楼层板混凝土强度等级均为 C35，板厚为 100 mm，基础层为筏形基础，厚度为 600 mm，其顶标高为 $-1.500$ m，$\pm0.000$ 以上三层，层高均为 3 m，Ⓐ轴处有一矩形洞口 JD1，尺寸为 1 500 mm×2 400 mm，其中心距楼层板顶 1.8 m，其余信息详见表 11-8～表 11-10。

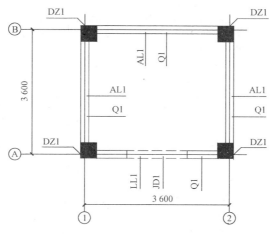

图 11-3　剪力墙平法施工图

表 11-8　剪力墙身表

| 编号 | 标高/mm | 墙厚/mm | 水平分布筋 | 竖直分布筋 | 拉筋（矩形） |
|---|---|---|---|---|---|
| Q1 | −1.500～9.000 | 200 | $\Phi$12@200 | $\Phi$12@200 | $\phi$6@600×600 |

表 11-9　剪力墙梁表

| 编号 | 截面尺寸 $b×h$ | 上部纵筋 | 下部纵筋 | 箍筋 |
|---|---|---|---|---|
| AL1 | 200×600 | 3$\Phi$20 | 3$\Phi$20 | $\phi$8@100(2) |
| LL1 | 200×600 | 2$\Phi$20 | 2$\Phi$20 | $\phi$8@100(2) |

表 11-10　剪力墙柱表

| 编号 | 截面尺寸 | 全部纵筋 | 箍筋 | 型号 |
|---|---|---|---|---|
| DZ1 | 400×400 | 12$\Phi$20 | $\phi$8@100 | 4×4 |

参考答案

# 项目十二　楼梯构件钢筋的识读

**项目描述**

通过识读楼梯构件平法表达图，掌握楼梯构件平法施工图制图规则。

**任务描述**

识读图 12-1、图 12-2、图 12-3、图 12-4 楼梯平法施工图，掌握楼梯构件钢筋名称。

**拟达到的教学目标**

**知识目标：**

1. 楼梯构件的类型；

2. 楼梯构件的代号；

3. 楼梯构件的平法表达方法。

**能力目标：**

能够识读楼梯平法施工图。

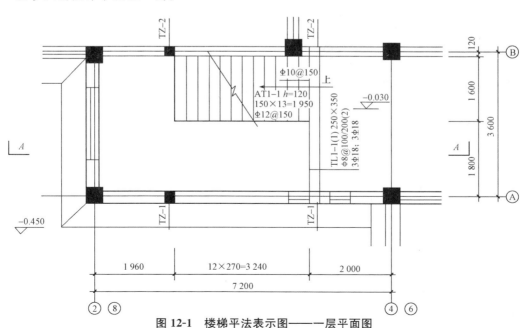

图 12-1　楼梯平法表示图——一层平面图

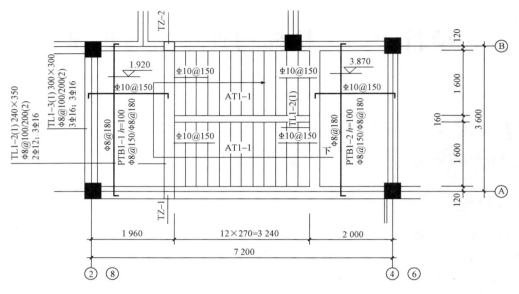

图 12-2　楼梯平法表示图——二层平面图

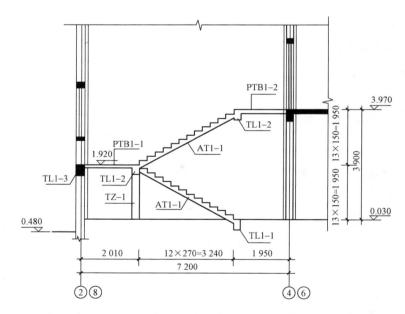

图 12-3　楼梯平法表示图——Ⓐ一Ⓐ剖面图

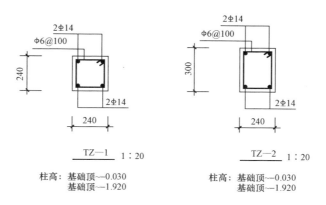

TZ—1  1:20

柱高：基础顶～−0.030
基础顶～−1.920

TZ—2  1:20

柱高：基础顶～−0.030
基础顶～−1.920

**图 12-4  楼梯平法表示图——梯柱截面图**

注：该楼梯斜板支座负筋采用 Φ10@200；未标注分布筋均为 Φ8@200

项目支撑知识链接

## 链接之一：楼梯的类型及代号

16G101—2 图集楼梯包括 12 种类型，见表 12-1。

表 12-1  楼梯类型及代号

| 梯板代号 | 适用范围 | | 特征 | 示意图所在16G101—2图集页码位置 | 注写及构造图所在16G101—2图集页码 |
|---|---|---|---|---|---|
| | 抗震构造措施 | 适用结构 | | | |
| AT | 无 | 剪力墙、砌体结构 | AT 型梯板全部由踏步段构成 | 11 | 23、24 |
| BT | | | BT 型梯板由低端平板和踏步段构成 | 11 | 25、26 |
| CT | 无 | 剪力墙、砌体结构 | CT 型梯板由踏步段和高端平板构成 | 12 | 27、28 |
| DT | | | DT 板由低端平板、踏步板和高端平板构成 | 12 | 29、30 |
| ET | 无 | 剪力墙、砌体结构 | ET 型由低端踏步段、中位平板和高端踏步段构成 | 13 | 31、32 |
| FT | | | FT 型由层间平板、踏步段和楼层平板构成 | 13 | 33、34、35、39 |
| GT | 无 | 剪力墙、砌体结构 | GT 型由层间平板和踏步段构成 | 14 | 36、37、38、39 |

| 梯板代号 | 适用范围 | | 特征 | 示意图所在 16G101—2 图集页码位置 | 注写及构造图所在 16G101—2 图集页码 |
|---|---|---|---|---|---|
| | 抗震构造措施 | 适用结构 | | | |
| ATa | 有 | 框架结构、框剪结构、中框架部分 | ATa 型为带滑动支座的板式楼梯，梯板全部由踏步段构成，低端滑动支座支承在梯梁上 | 15 | 40、41、42 |
| ATb | | | ATb 型为带滑动支座的板式楼梯，梯板全部由踏步段构成，低端滑动支座支承在梯梁上，与 ATa 型楼梯的区别在于滑动支座位置不同 | 15 | 40、43、44 |
| ATc | | | ATc 型梯板全部由踏步段构成，其支承方式为梯板两端均支承在梯梁上 | 15 | 45、46 |
| CTa | 有 | 框架结构、框剪结构、中框架部分 | CTa、CTb 型为带滑动支座的板式楼梯，梯板由踏步段和高端平板构成，其支承方式为梯板高端均支承在梯梁上 | 16 | 47、41、48 |
| CTb | | | | 16 | 47、43、49 |

## 链接之二：楼梯的注写方式

### 1. 平面注写方式

平面注写方式，是在楼梯平面布置图上注写截面尺寸和配筋具体数值的方式来表达楼梯施工图。其包括集中标注和外围标注。

(1)集中标注的内容有五项，具体规定如下：

1)楼梯类型代号与序号，如 AT××。

2)楼梯厚度，注写为 $h=×××$。当为带平板的梯板且梯段板厚度和平板厚度不同时，可在梯段板厚度后面括号内以字母 P 打头注写平板厚度。

**例**：$h=130(P=150)$，130 表示梯段板厚度，150 表示梯板平板段的厚度。

3)踏步段总高度和踏步级数，之间以"/"分隔。

4)梯板支座上部纵筋，下部纵筋，之间以";"分隔。

5)梯板分布筋，以 F 打头注写分布钢筋具体值，该项也可在图中统一说明。

例：平面图中梯板类型及配筋的完整标注示例如下（AT 型）：

AT1，$h=120$　　梯板类型及编号，梯板板厚

1 800/120　　踏步段总高度/踏步级数

$\Phi 10@200$；$\Phi 12@150$　　上部纵筋；下部纵筋

F$\phi$8@250　　梯板分布筋（可统一说明）

（2）楼梯外围标注的内容，包括楼梯间的平面尺寸、楼层结构标高、层间结构标高、楼梯的上下方向、梯板的平面几何尺寸、平台板配筋、梯梁及梯柱配筋等。

**2. 剖面注写方式**

（1）剖面注写方式需在楼梯平法施工图中绘制楼梯平面布置图和楼梯剖面图，注写方式分平面注写、剖面注写两部分。

（2）楼梯平面布置图注写内容，包括楼梯间的平面尺寸。楼层结构标高、层间结构标高、楼梯的上下方向、楼梯的平面几何尺寸、楼梯类型及编号、平台板配筋、梯梁及梯柱配筋等。

（3）楼梯剖面图注写内容，包括梯板集中标注、梯梁梯柱编号，梯板水平及竖向尺寸、楼梯结构标高、层间结构标高等。

（4）梯板集中标注的内容有四项，具体规定如下：

1）梯板类型及编号，如 AT××。

2）梯板厚度，注写为 $h=×××$。当梯板由踏步段和平板构成，且踏步段楼板厚度和平板厚度不同时，可在梯板厚度后面括号内以字母 P 打头注写平板厚度。

3）梯板配筋。注写梯板上部钢筋和梯板下部钢筋，用分号";"将上部与下部纵筋的配筋值分隔开来。

4）梯板分布筋，以 F 打头注写分布钢筋具体值，该项也可在图中统一说明。

例：剖面图中梯板配筋完整的标注如下：

AT1，$h=120$　　梯板类型及编号，梯板厚度

$\Phi 10@200$；$\Phi 12@150$　　上部纵筋；下部纵筋

F$\phi$8@250　　梯板分布筋（可统一说明）

**3. 列表注写方式**

（1）列表注写方式，是用列表方式注写梯板截面尺寸和配筋具体数值的方式来表达楼梯施工图。

（2）列表注写方式的具体要求同剖面注写方式，仅将剖面注写方式中的集中标注的配筋注写项改为列表注写项即可。

梯板列表格式见表 12-2。

表 12-2  梯板几何尺寸和配筋

| 梯板编号 | 踏步段总高度/踏步级数 | 板厚 $h$ | 上部纵筋钢筋 | 下部纵筋钢筋 | 分布筋 |
|---|---|---|---|---|---|
| | | | | | |
| | | | | | |

课后习题

如图 12-5 所示，AT 型梯板，梯板底部受力筋采用直径为 16 mm、间距为 150 mm 的 HPB300 级钢筋；板底部受力筋上的分布筋采用直径为 8 mm、间距为 200 mm 的 HPB300 级钢筋；梯板高端支座负筋采用直径为 12 mm、间距为 180 mm 的 HPB300 级钢筋，梯板高端支座负筋下的分布筋采用直径为 8 mm、间距为 200 mm 的 HPB300 级钢筋；梯板低端支座负筋采用直径为 12 mm、间距为 180 mm 的 HPB300 级钢筋，梯板低端支座负筋下的分布筋采用直径为 8 mm、间距为 200 mm 的 HPB300 级钢筋。

根据以上描述，为图 12-5 所示的梯板完成标注。

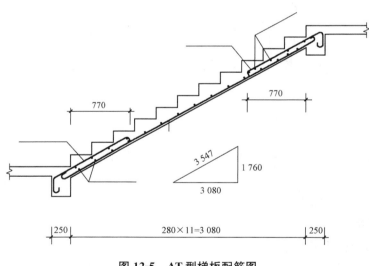

图 12-5  AT 型梯板配筋图

参考答案

# 项目十三 楼梯构件钢筋工程量的计算

通过计算楼梯钢筋的工程量，了解楼梯构件钢筋的组成及名称，并掌握楼梯构件钢筋的计算方法。

计算图 13-1 所示 AT 型楼梯钢筋工程量。

**知识目标：**

AT 型楼梯钢筋计算方法。

**能力目标：**

能够计算 AT 型楼梯钢筋工程量。

**项目支撑知识链接**

**项目简介**

楼梯计算项目

如图 13-1 所示，设定楼梯宽 $b=1\,800$ mm，板厚 $h=120$ mm，踏步高为 160 mm，保护层厚度为 15 mm，混凝土强度等级为 C30，支座负筋分布筋起步距离为 50 mm，求支座负筋、支座负筋下分布筋长度及根数。

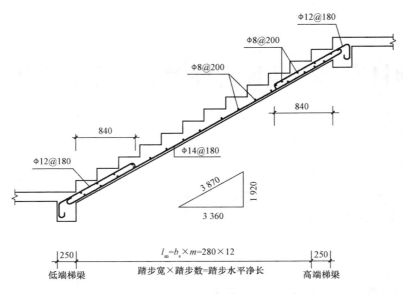

**图 13-1 AT 型楼梯案例配筋图**

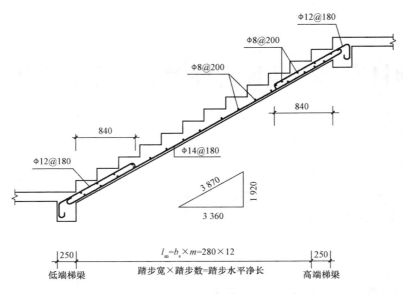项目支撑知识链接

## AT 型楼梯钢筋计算规则

(1)梯板底部受力筋长度计算方法见表 13-1。

**表 13-1　梯板底部受力筋长度计算方法**

| 梯板底受力筋长度＝梯板投影净长×斜度系数＋伸入左端支座内长度＋伸入右端支座内长度＋弯钩×2 | | | | |
|---|---|---|---|---|
| 梯板投影净长 | 斜度系数 | 伸入左端支座长度 | 伸入右端支座长度 | 弯钩长度 |
| $l_n$ | $K=\sqrt{(b_s^2+h_s^2)}/b_s$ | $\max\left\{5d,\ K\times\dfrac{b}{2}\right\}$ | $\max\left\{5d,\ K\times\dfrac{b}{2}\right\}$ | $6.25d$ |
| 梯板底受力筋长度＝$l_n\times K+\max(5d,\ K\times b/2)\times2+6.25d\times2$(弯钩只有光圆钢筋有) | | | | |

(2)梯板底部受力筋根数计算方法见表 13-2。

**表 13-2　梯板底部受力筋根数计算方法**

| 梯板底受力筋根数＝(梯板宽度－保护层厚度×2)/受力筋+1 | | |
|---|---|---|
| 梯板宽度 | 保护层厚度 | 受力筋间距 |
| $k_n$ | $c$ | $s$ |
| 梯板底受力筋根数＝$(k_n-2c)/s+1$ | | |

（3）梯板底部受力筋的分布筋长度计算方法见表13-3。

**表 13-3　梯板底部受力筋的分布筋长度计算方法**

| 梯板底受力筋的分布筋长度＝（梯板宽度－保护层厚度×2）＋弯钩×2 | | |
|---|---|---|
| 梯板宽度 | 保护层厚度 | 弯钩 |
| $k_n$ | $c$ | $6.25d$ |
| 梯板底筋受力筋的分布筋长度＝$k_n-2c+6.25d\times2$ | | |

（4）梯板底部受力筋的分布筋根数计算方法见表13-4。

**表 13-4　梯板底部受力筋的分布筋根数计算方法**

| 起步距离判断 | 梯板底部受力筋的分布筋根数＝（梯板投影净长×斜度系数－起步距离×2）/分布筋间距＋1 | | | |
|---|---|---|---|---|
| | 梯板投影净跨 | 斜度系数 | 起步距离 | 分布筋间距 |
| 起步距离为 50 mm | $l_n$ | $K$ | 50 mm | $s$ |
| | 分布筋根数＝$(l_n\times K-50\times2)/s+1$（向上取整） | | | |
| 起步距离为 $s/2$ | $l_n$ | $K$ | $s/2$ | $s$ |
| | 分布筋根数＝$(l_n\times K-s)/s+1$（向上取整） | | | |
| 起步距离为 $b_s\times K/2$ | $l_n$ | $K$ | $b_s\times K/2$ | $s$ |
| | 分布筋根数＝$(l_n\times K-b_s\times K/s)/s+1$（向上取整） | | | |

（5）梯板顶部支座负筋长度计算方法。

低端支座负筋＝斜段长＋h－保护层厚度×2＋15d

高端支座负筋＝斜段长＋h－保护层厚度×2＋$l_a$

当总锚长不满足 $l_a$ 时可伸入支座对边向下弯折 15d，伸入支座内长度＞$0.35l_{ab}(0.6l_{ab})$。注：$0.35l_{ab}$ 用于设计按铰接的情况，$0.6l_{ab}$ 用于充分考虑支座钢筋抗拉的情况（图 13-2）。

（6）梯板顶部支座负筋根数计算方法见表13-5。

**表 13-5　梯板顶部支座负筋根数计算方法**

| 顶部支座负筋根数＝（梯板宽度－保护层厚度×2）/受力筋间距＋1 | | |
|---|---|---|
| 梯板度宽 | 保护层厚度 | 受力筋间距 |
| $k_n$ | $c$ | $s$ |
| 顶部支座负筋根数＝$(k_n-2c)/s+1$（向上取整） | | |

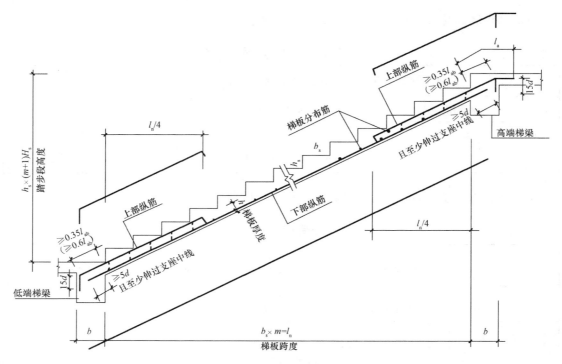

**图 13-2  AT 型楼梯梯板配筋构造图**

（7）梯板顶部支座负筋下分布筋长度计算方法见表 13-6。

**表 13-6  梯板顶部支座负筋下分布筋长度计算方法**

| 支座负筋下分布筋长度＝（梯板宽度－保护层厚度×2）＋弯钩×2 | | |
|---|---|---|
| 梯板宽度 | 保护层厚度 | 弯钩 |
| $k_n$ | $c$ | $6.25d$ |
| 支座负筋下分布筋长度＝$k_n-2c+6.25d\times2$ | | |

（8）梯板顶部支座负筋下分布筋根数计算方法。

梯板支座负筋下分布筋根数＝（支座负筋伸入板内直线投影长度×斜度系数－起步距离）/分布筋间距＋1

**项目实施**

AT 型楼梯钢筋工程量计算过程：

**解：** 梯板底部受力筋：Φ14@180

$$K=\frac{\sqrt{b_s^2+h_s^2}}{b_s^2}=\frac{\sqrt{280^2+160^2}}{280}=1.152$$

梯板底部受力筋单根长

$$=l_n\times K+\max\left\{5d,\ \frac{\sqrt{b_s^2+h_s^2}}{b_s^2}\times\frac{b}{2}\right\}\times2+6.25d\times2$$

$$=3.36 \times \frac{\sqrt{280^2+160^2}}{280} + \max\left\{5 \times 0.014, \frac{\sqrt{280^2+160^2}}{280} \times \frac{0.25}{2}\right\} \times 2 +$$

$$6.25 \times 0.014 \times 2$$

$$=3.36 \times 1.152 + 0.144 \times 2 + 0.175 = 4.334(\text{m})$$

梯板底部受力筋根数 $=\dfrac{1.8-2 \times 0.015}{0.18}+1=10+1=11(根)$

梯板底部受力筋总长 $=4.334 \times 11=47.67(\text{m})$

梯板底部分布筋：$\Phi 8@200$

梯板底部分布筋单根长 $=(1.8-2 \times 0.015)+6.25 \times 0.008 \times 2=1.87(\text{m})$

梯板底部分布筋根数 $=\dfrac{3.36 \times 1.152-0.2}{0.2}+1=19+1=20(根)$

梯板底部分布筋总长 $=1.87 \times 20=37.4(\text{m})$

梯板顶部支座负筋：$\Phi 12@180$

$$K=\frac{\sqrt{280^2+160^2}}{280}=1.152$$

低端支座负筋单根长度

$$=(l_n/4+0.25-0.02) \times K + h - b_{hc} \times 2 + 15d + 6.25d$$

$$=(3.360/4+0.23) \times 1.152 + 0.12 - 0.015 \times 2 + 15 \times 0.012 + 6.25 \times 0.012$$

$$=1.578(\text{m})$$

高端支座负筋单根长度

$$=(l_n/4+0.25-0.02) \times K + h - b_{hc} \times 2 + 15d + 6.25d$$

$$=(3.360/4+0.23) \times 1.152 + 0.12 - 0.015 \times 2 + 15 \times 0.012 + 6.25 \times 0.012$$

$$=1.578(\text{m})$$

低端支座负筋根数 $=\dfrac{1.8-2 \times 0.015}{0.18}+1=10+1=11(根)$

高端支座负筋根数 $=\dfrac{1.8-2 \times 0.015}{0.18}+1=10+1=11(根)$

梯板支座负筋总长 $=1.578 \times (11+11)=1.578 \times 22=34.72(\text{m})$

梯板支座负筋下分布筋 $\Phi 8@200$

梯板低端支座负筋下分布筋单根长：

$$1.8-2 \times 0.015+2 \times 6.25 \times 0.008=1.87(\text{m})$$

梯板低端支座负筋下分布筋根数：

$$\left(\frac{3.36}{4} \times 1.152-0.05\right) \div 0.2+1=5+1=6(根)$$

梯板低端支座负筋下分布筋总长：$1.87 \times 6=11.22(\text{m})$

梯板高端支座负筋下分布筋总长同低端支座负筋下分布筋总长 $=11.22(\text{m})$

梯板支座负筋下分布筋总长 $=11.22+11.22=22.44(\text{m})$

　　如图 13-3 所示，设定楼梯宽 $b=1\,800$ mm，板厚 $h=120$ mm，踏步高度为 160 mm，保护层厚度为 15 mm，混凝土强度等级为 C30，支座负筋分布筋起步距离为 50 mm，求支座负筋、支座负筋下的分布筋的长度及根数。

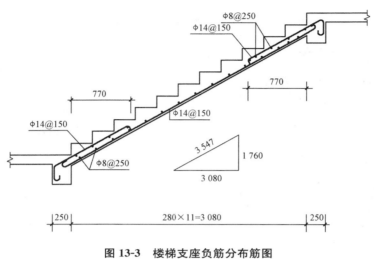

**图 13-3　楼梯支座负筋分布筋图**

参考答案

# 项目十四　钢筋工程量计算总结

**拟达到的教学目标**

**知识目标:**

1. 钢筋工程量手算流程;

2. 影响钢筋工程量计算的参数和规定;

3. 本课程的复习方法;

4. 钢筋电算化基本原理。

**能力目标:**

1. 能够说出钢筋工程量的手算流程;

2. 能够说出基本构件类各类钢筋的计算模型。

## 一、钢筋工程量手算流程总结

通过对本书内容的学习,同学们应该掌握了手工计算钢筋工程普通构件的方法。回顾前面的学习,我们主要是通过熟练的识图与提炼并掌握各类构件中各钢筋的计算模型之后,钢筋的长度自然就迎刃而解,从而达到最终计算钢筋工程量的目的。在计算时应主要做好以下几点:

(1)准确判断构件类型:如计算梁钢筋工程量时首先确定是框架梁还是非框架梁;计算基础时先判断是单柱对称独立基础还是非对称独立基础。

(2)理清构件内的钢筋类型:在准确认清构件类型后,就要观察该构件的相应平法标注,并理清构件内的钢筋类型。

(3)数出各类钢筋根数或思考其根数计算方法:在理清钢筋类型后,就要看看每个构件中同种钢筋级别,相同直径的钢筋共有多少根;或者看看钢筋的布置范围,思考下应如何计算根数,并计算出该类钢筋根数。

(4)计算各类型钢筋的单根长度:在对钢筋的类型和根数有了认识和判断后,要思考每种钢筋的计算模型是怎样的,应该如何计算,进而计算出其单根长度。

(5)计算各类钢筋总长:用单根长度乘以对应根数求出同种类型、同种级别、同种型号钢筋总长度。

(6)求出钢筋质量：有了各类型不同直径钢筋总长度之后，根据不同直径钢筋的不同单位理论质量，用长度乘以单位理论质量从而得到其质量，最终再汇总就完成了该构件钢筋工程量计算。各构件钢筋工程量再汇总，进而得到这个工程的钢筋工程量。

## 二、影响计算结果的参数和规定

通过本书学习，我们在计算钢筋长度时需要注意以下参数或规定，它们会影响钢筋工程量的计算结果。

(1)保护层厚度：保护层厚度应根据构件所处的环境类别、构件类型、混凝土强度、设计年限四个因素综合考虑选定。具体规定是依照16G101—1图集56页混凝土保护层的最小厚度规定。虽然保护层厚度对钢筋工程量的影响较小，但计算时往往忽略图集规定，而选择错误。

(2)锚固长度或抗震锚固长度：受拉钢筋基本锚固长度 $l_{ab}$、抗震设计时受拉钢筋基本锚固长度 $l_{abE}$ 或受拉钢筋锚固长度 $l_a$、受拉钢筋抗震锚固长度 $l_{aE}$ 四个计算参数与钢筋种类、混凝土强度、抗震等级有关，而且与钢筋直径、施工环境、保护层厚度也有关。在计算时需要根据情况准确选取和计算，具体操作应查阅 16G101—1 图集第 57 页、58 页表格后，再根据情况看是否需要对查阅数据进行调整，如需调整参照表格后的注释进行。

(3)计算钢筋根数时的规定：为了安全起见，一般在计算时行业之中大多在计算分布钢筋、箍筋、拉筋等时都采用向上取值的方法。也就是说计算出来的结果小数位数无论大于"4"还是小于"4"我们都应该舍掉小数位数，并将整数位数加 1 作为最终的根数。

## 三、如何做好本课程的复习巩固工作

在学习完本课程之后，要巩固和掌握牢本课程知识点需要重复完成本书列出的每个构件的计算项目，在自己完成时，如遇到困难，再看看每个项目后面的计算过程。在完成每个项目的计算之后，要善于自行总结。总结各类构件中所包含的各类钢筋，各类不同钢筋的计算模型是什么，它们的依据在 16G101 系列图集的什么位置。只有这样，本门课程才能学得牢，学得好。当然，在校学生除把本门课程学好，要通过期末考试外，更重要的是本门课程的实际运用在于通过本门课程的学习，要让大家熟悉结构施工图的识读及掌握正确使用图集以解决各类钢筋工程相关问题的方法。本书中未提及的构件，需要大家借助本书提倡的学习方法进行自主学习。

## 四、如何成为钢筋算量能手

在对本书进行学习之后会发现钢筋工程量的手工计算十分烦琐，一个小小的构件也许会耗费一小时甚至更长的时间，那又如何完成一幢高楼大厦的计算呢。所以，需要借助计算机帮助计算。在后续课程《造价软件应用》中会讲到如何在计算机上使用专业的造价软件进行钢筋工程量计算。掌握好本门课程可为电算钢筋工程量打下坚实的基础。电算化钢筋的原理是：软件中已经植入了各类不同构件不同钢筋的计算模型，而只在计算机上输入需要计算的各类构件及相关的钢筋信息，并设置好影响钢筋工程量的相关参数后，计算机会自动计算出钢筋工程量，这样就会省去大量的计算时间，大大提高工作效率。所以，要成为一个钢筋算量能手必须学会利用计算机进行钢筋工程量计算，而在学好本书所述知识后，您成为钢筋算量能手的梦想将不再遥远。

# 参 考 文 献

[1] 中国建筑标准设计研究院．16G101—1 混凝土结构施工图平面整体表示方法制图规则和构造详图(现浇混凝土框架、剪力墙、梁、板)[S]．北京：中国计划出版社，2016.

[2] 中国建筑标准设计研究院．16G101—2 混凝土结构施工图平面整体表示方法制图规则和构造详图(现浇混凝土板式楼梯)[S]．北京：中国计划出版社，2016.

[3] 中国建筑标准设计研究院．16G101—3 混凝土结构施工图平面整体表示方法制图规则和构造详图(独立基础、条形基础、筏形基础、桩基础)[S]．北京：中国计划出版社，2016.

[4] 李晓东．建筑识图与构造[M]．北京：高等教育出版社，2012.

[5] 肖明和，高玉灿，范忠波．新平法识图与钢筋计算[M]．2 版．北京：人民交通出版社，2017.

[6] 苗曙光，刘智民．从大学生到造价工程师[M]．2 版．北京：中国建筑工业出版社，2017.

[7] 陈雪光．平法钢筋计算与实例[M]．2 版．南京：江苏人民出版社，2012.